U0313769

三维生态价值视角下的绿色智库研究

STUDY ON GREEN THINK TANKS
IN THE THREE DIMENSIONS OF ECOLOGICAL VALUE

申 森——著

中央编译出版社
CCTP Central Compilation & Translation Press

图书在版编目（CIP）数据

三维生态价值视角下的绿色智库研究／申森著．—北京：中央编译出版社，2019.12

ISBN 978-7-5117-3763-2

Ⅰ.①三…　Ⅱ.①申…　Ⅲ.①生态环境建设-研究-中国　Ⅳ.①X321.2

中国版本图书馆CIP数据核字（2019）第273316号

三维生态价值视角下的绿色智库研究

出 版 人：葛海彦
出版统筹：贾宇琰
责任编辑：朱瑞雪
责任印制：刘　慧
出版发行：中央编译出版社
地　　址：北京西城区车公庄大街乙5号鸿儒大厦B座（100044）
电　　话：（010）52612345（总编室）　（010）52612341（编辑室）
（010）52612316（发行部）　（010）52612346（馆配部）
传　　真：（010）66515838
经　　销：全国新华书店
印　　刷：北京中兴印刷有限公司
开　　本：710毫米×1000毫米　1/16
字　　数：212千字
印　　张：13.5
版　　次：2019年12月第1版
印　　次：2019年12月第1次印刷
定　　价：58.00元

网　　址：www.cctphome.com　　**邮　　箱：**cctp@cctphome.com
新浪微博：@中央编译出版社　　**微　　信：**中央编译出版社(ID: cctphome)
淘宝店铺：中央编译出版社直销店(http://shop108367160.taobao.com)
(010)55626985

本社常年法律顾问：北京市吴栾赵阎律师事务所律师　闫军　梁勤

目　录

导论　绿色智库研究的现状与意义

一、绿色智库研究的时空逻辑与意义

（一）绿色智库研究的时空逻辑

1978年对中国而言是意义非凡的年份，这是标志着中国做出关键抉择的历史节点。中国不仅进入了对内改革对外开放的全新时代，社会主义建设事业也逐步回归到现代化建设的理性领域与正确航道上来。作为引领现代化风潮的科技作用在这一历史进程中受到了极大重视与偏爱，这在一方面快速地推动了中国改革开放后四十多年的工业化和现代化进程，在一定意义上可以说是科技发展引导的经济进步塑造了新的历史时期的中国奇迹；然而另一方面，工业化或者科学技术化高速发展一定阶段后超越了环境本身的承载能力也带来了一定的消极后果，从某种程度上，自然资源的过度消耗也对我国某些地区的自然环境带来了严重后果。严峻的环境问题成为能够影响到整个国家未来发展动向的关键性议题。当然，我们国家已经意识到当前资源的严峻形势和生态环境问题，正着力探索协调人与自然关系、解决资源环境难题的中国特色社会主义可持续发展与生态文明建设道路。从把环境保护作为基本国策，到将生态文明与经济、政治、文化、社会建设一起作为建设中国特色社会主义“五位一体”总体布局的战略高度进行建设，从实现美丽中国的本国承诺到推动全球生态文明建设的世界格局，从以经济发展为中心到科学发展观、再到绿色发展理念，这些国家对生态保护重视程度不断递推的演进路径也彰显了新时代构建美丽中国未来蓝图的科学战略与坚定决心。

另一方面，在经济指数级增长与信息爆炸时代的当下，有效的信息分析对于政府机构的意义是极为重要的。对于决策机关而言，关键的环节不是信息的可获得性问题，而是对庞杂信息的系统搜集、破译、分析与综合的复杂过程。因此，智库作为联结政府、学术界与社会的桥梁性或中介性机构，是沟通与疏导官方话语、学术话语与民间话语之间思想隔阂与理论鸿沟的组织形式，其在西方国家科学决策中的重要效用已经得到了研究与证实。与非政府组织类似，智库作为当代公民社会的重要组成部分，其数量与质量也是一个国家软实力和综合国力的重要指标与另一种呈现。近些年来，智库对于科学民主决策的重要性也得到了政府与学界的重点聚焦与特别关注。中国共产党的十七大报告指出，“鼓励哲学社会科学界为党和人民事业发挥思想库作用”。十八届三中全会上通过的《中共中央关于全面深化改革若干重大问题的决定》明确指出，加强中国特色新型智库建设，建立健全决策咨询制度。尤其是习近平主席在2013 年提出了建立“中国特色新型智库”的要求之后，理论界聚焦智库建设问题进行了热烈的讨论。在 2015 年 1 月，中央办公厅、国务院办公厅联合印发了《关于加强中国特色新型智库的意见》，为中国特色新型智库的建设提供了理论引导与政策指向。在国家面临的严峻环境保护形势下，绿色智库功能的有效发挥有更重要的意义。对环境议题进行针对性讨论的绿色智库在什么程度上能够推动环境决策的科学民主进程？绿色智库适合采用哪些具体的影响策略？德国成功环境政策的“绿库效应”是如何体现的？适合我国具体情况的绿色智库的发展路径又是怎么样的？因此，绿色智库需要从学理上进行细致的理论阐释，并结合案例进行深入的阐述与解析。

（二）绿色智库研究的价值与意义

在当代，智库已然成为能够有效影响政府决策的非官方机构或者组织。它们通过科学方法搜集、获取、分析与综合数据与信息，从而为不同层级的决策者提供信息咨询与政策建议。智库的研究独立性、非营利性特征使其成为政府思想与智力支持的重要来源。随着环境议题在国际社会与民族国家的政治生活中所占比重越来越大，专业化的绿色智库或者多元智库的绿色议题讨论对环境理论的现实转化与环境政策制定的影响力也非常值得关注。

1. 理论价值

其一，绿色智库在国内甚至在国际上的研究还基本处于空白阶段。本书试图通过对智库理论的系统梳理，全面总结与宏观把握现代智库的发展规律与影响规则，从而试图在此基础上对绿色智库的定义内涵进行创新性的理论构建与具体论证，形成关于绿色智库的基本要素、分类图谱的基本分析框架以及对绿色智库咨政建言、教育大众、学术研究、人才培养、国际交流等层面功能或者影响力发挥的可行性论证，在一定程度上丰富完善绿色智库的理论框架与研究演绎路径。

其二，基于对我国绿色智库的基本情况进行理论研究和对比反思，一方面能够审视与梳理我国特色的绿色智库理论特质，而另一方面也能重新审视我国绿色智库研究存在的研究缺憾。通过对绿色智库不同分型的追踪研究，可以有针对性地在当下我国不同类型的绿色智库在科学的研究方法或路径、议题设定的问题意识与现实针对性等方面矫正绿库研究的理论方向。

其三，对绿色智库影响力的发挥分析，不仅能够提升绿色智库的自身理论研究的影响力，还可以提升社会对绿色智库的认知水平与了解程度，从而在一定程度上唤起人们对于绿色议题的进一步关注。而对绿色议题和环境理论的关注程度提升，可以从侧面推动对环境理论的研究深度与进程。

2. 现实意义

在对于现实实践的价值与意义层面，智库影响力作为国家软实力的重要组成部分的作用已经获得广泛的共识。我国也非常重视建设中国特色新型智库，将其定位为国家软实力的重要体现和国家治理体系与治理方式现代化的实现形式。应该说，绿色智库研究对环境科学决策以及社会主义生态文明建设都具有重要的现实指导意义。具体而言，表现为以下几个方面：

我国绿色智库组织与机构的内部优化与提升智库功能有非常重要的示范性影响。在一定意义上，德国绿色智库具体理论走向政策的过程（比如生态现代化从学院派的生态理论向政策的成功转换经验）可以为我国当下的社会主义生态文明建设提供参照和借鉴。具体而言，比如在生态文明建设中绿库建言与官方话语的动态转换的规律关系，以及在生态理论与面向政策的生态战略研究方面，都可以从德国绿色智库发挥作用与实践中得到有益的启示。更为重要的是，生态现代化自1998年被红绿联盟政府写入联盟协议并确立为德国基本的环境政策以来，德国的环境管治在国际上保持着领先者的姿态，这一过程对如何成功指导生态治理实践，以及从理论层面向政策转化，对我国的绿色智库功能发挥具有重要的榜样作用与示范意义。

另一方面，进一步而言，绿色智库的建设研究也在一定程度上可以推进环境决策的科学民主化。环境议题在国家决策中的重要性在日益凸显。绿色智库的影响力提升研究，有助于我国绿库分析目前的影响困境，并提供相应的影响策略，促进我国绿色智库在环境议题中的影响力，从而有助于提升在环境决策方面，国家治理体系与治理方式的科学化与现代化。也即是说，能够通过对民主决策的推动，汇聚绿色智慧与挖掘环境议题，从而有助于推动我国的社会主义生态文明建设进程。

二、绿色智库研究的全景扫描

（一）国外绿色智库研究：整体景象与聚焦方面

1. 关于智库的基本研究

从学理上将智库作为信息咨询与政策建议机构进行研究，事实上是启动于20世纪50年代之后，也就是在第二次世界大战之后。作为一个抽象的现代理念，智库的形成是精英主义知识与多种权力主体互动影响的过程。作为具体的政策咨询机构的组织形式，国外学术界的主流观点认为，历史上第一个真正意义上的智库形式来源于19世纪中后期在欧美国家出现的政策咨询性机构。而在智库诞生接近百年之后，也开启了智库研究的实际历程。

根据在国际学术界较为权威的学术检索引擎Scopus的检索结果显示，最早将智库作为一个研究机构进行学术研究可以追溯到1968年，鲍非·菲利普

（Boffey M. Philip）发表在《科学》杂志上的《哈德逊研究所：智库的内部防卫工作的批评》（"Hudson Institute：Think Tank's Civil Defense Work Criticized"）一文[1]，该文分析了美国意识形态较为保守的外交智库——哈德逊研究所影响美国政府防卫政策制定的具体过程，并对其影响力进行了批判性的评价。

而第一部系统化、专门化地研究智库的专著则是由美国学者保罗·迪克森（Paul Dickson）所著的《智库》（*Think Tanks*）一书。在出版于1972年的这部著作中，迪克森对美国的智库的概念和发展阶段进行了系统的梳理。他认为，智库实质上起源于"二战"期间美国部队的策略部门。在"二战"以后，提供政策建议和信息咨询的顾问公司以雨后春笋般涌现，迪克森通过对兰德公司（RAND）和胡佛研究所（Hoover Institute）等具有代表性的美国智库分析，认为智库提供了比科研院所和政府更具针对性和更为自由的议题与策略。

（1）关于智库的发展阶段研究

在美国学者詹姆斯·麦克甘（James G. McGann）等编著的《智库如何塑造社会变化政策》（*How Think Tanks Shape Social Development Policies*）一书中，麦克甘对智库发展的阶段首次进行了四个时期的划分。[2] 其认为，第一个阶段，是智库作为"研究机构"的阶段，即自1830年到1946年。在这个阶段，智库的特点被基本上定位为研究机构，智库的研究基本上是遵照学术研究的一般方法与基本路径。从历史的视角看，这个阶段智库在美国的集中性涌现与快速发展也造就了美国作为世界领导者的角色地位。第二个阶段，是智库作为"研究项目"的阶段，即1946年到1970年之间。这个阶段的智库发展受到"二战"之后的冷战状态的影响很大，政府对智库议题的研究给予了法律、财政和管理上的直接支持，再加上战后新自由主义的盛行，一起成为导致党派智库领地扩张的重要原因。也是在这个时期，智库作为公共政策研究机构的特点开始凸现。1970年到1994年为第三个阶段，智库的发展特点可以用"自由"和"党派化"予以概括。这个时期智库数量呈现迅速增长的态势，而目前世

---

[1] Boffey Philip M.，"Hudson Institute：Think Tank's Civil Defense Work Criticized"，*Science*，1968，pp. 52－53.

[2] James G. McGann，*How Think Tanks Shape Social Development Policies*，University of Pennsylvania Press，2014，p. 9.

界上三分之二的智库都是在这个阶段成立的。不仅如此，智库的学术型研究被不同的价值观在不同程度上物质化了。

（2）关于智库的意识形态研究

而一些学者试图从政治意识形态差别区分不同类型的智库。比如，美国学者安德鲁·里奇（Andrew Rich）在《智库、公共政策和精英政治》（*Think Tanks, Public Policy, and the Politics of Expertise*）中，对智库的内部区分进行了细致的思考与研究，根据他的调查与分析，针对智库在政治意识形态的不同，进行了三个基本层面的划分，即分为保守性智库、自由性智库和中立性智库（或者是无特殊意识形态偏好智库）[①]。他指出，意识形态区分的依据是基于对智库自身目标定位关键词的分析。具体而言，依据智库对自由市场体制或者有限国家权力个人自由权等偏好，可以将之界定为保守性智库；那些倾向于国家发挥权力以克服经济、社会或者性别平等、贫困功绩停滞问题的则可以界定为自由性智库。里奇认为，那些倡导社会公平、环境保护的智库在意识形态上也属于自由性智库的范畴。

持相似观点的还有另外的两位美国学者，大卫·里奇（David Ricci）与詹姆斯·史密斯（James Smith），大卫·里奇在《美国政治的转型：新的华盛顿与智库的兴起》中认为，1960 年以后，智库在意识形态层面发生了明显的分化；一方面，很多智库保守化；而另一方面，不少智库极力避免自身的意识形态化。他认为，造成这种现象的原因来自智库自身所面临的诸多的政治不确定性因素。“智库为了有效地对政策思想与方向产生影响效果，不得不迎合一个日益分化因素而变得意识形态化。”[②] 詹姆斯·史密斯则认为智库在发展过程中由于市场中心的倾向，已经越来越追求内在的意识形态性，他认为这是由两方面原因造成的：“一方面是战后迅速变化的政治生态情况，另一方面则源于

① Andrew Rich, *Think Tanks, Public Policy, and the Politics of Expertise*, Cambridge University Press, 1994, p. 19.

② David Ricci, *The Transformation of American Politics: The New Washington and the Rise of Think Tanks*, New Haven, Conn: Yale University Press, 1993, p. 23.

政治精英的影响力。”①

当然，还有一些学者根据智库自身议题的专注程度将其区分为单一议题智库与多种议题智库。具体而言，顾名思义，单一议题智库就是指那些重点关注某一政治或者经济、社会等领域议题的智库；多种议题或者综合议题智库相对而言所指涉的是那些不仅仅局限于某一个特定的议题领域，而是囊括了政府几乎所有议题范围的智库。

（3）关于智库与其他研究组织区别的研究

迪克森最早对智库与其他非政府组织的差别进行了比较，他指出智库是为政策制定者提供政策研究或者其他决策相关方法分析研究的机构，而科研机构则仅仅是科学家或者研究者进行科学知识或者理论的训练和验证的场所。

在这种认知的基础上，澳大利亚学者黛安·斯通（Diane Stone）进行了研究的推进。她认为，首先智库是不同于专业的学术研究机构的。智库的目标在于提供政策指向议题研究②，而专业学术机构更专注于纯粹的学术训练与学术研究。虽然智库与利益集团或者游说团体在提供政策咨询的功能上非常相似，但是利益集团更偏好于动员草根运动，智库更倾向于直接影响决策者；智库与政府内部研究机构也不相同，智库是独立于政府的组织模式，虽然政府内部研究机构也具有一定的独立性，但是由于这些机构附属于政府，因此二者在性质上却是完全不同的。

（4）关于智库的功能影响研究

1989年，肯特·韦佛在《变化中的智库》中，最先架构起智库的基本功能应该涵盖提供政策议题的合法性来源、评估试行政策、监管政府规划、培养政治人才等方面。实质上，韦佛全面概括了智库的功能。他认为，智库最重要的功能应该是研究与扩大政策的影响，而智库的这种影响力不是即时性发挥的，而是需要通过长远渐进的影响而实现的。智库不仅能够对政策提供议题来

---

① James A. Smith, *Idea Brokers: Think Tanks and the Rise of the New Policy Elite*, New York: The Free Press, 1991, p. 51.

② Diane Stone, *Capturing The Political Imagination—Think Tanks and the Policy Progress*, Routledge, 1996, p. 15.

源，可以评估和监管政府政策的实际有效性，还能为政府提供专业性人力资源。

里奇认为，事实上，智库一直在追求适合自身的影响路径。但是由于影响受众的不同，智库必须寻求在科学研究、政策建议和进取型的政策游说与煽动之间协调发挥功能。[①] 他认为智库所追求的研究的客观中立性与政策游说力之间是一种纠结的张力状态，智库往往是在两种不同的方向上发挥作用。

斯通在《桥接研究与政策》一文中，把智库的作用解析为三个基本层面，她认为，智库需要首先发挥的最基本的功能是政策面向的科学研究，其次是智库与权力机关的互动促进民主决策。斯通也认为智库还会为政府培养和形成政治人才库，为政府提供后备人才储备。马丁·图奈特（Martin Thunert）则认为智库的政治影响依赖于很多不确定因素，比如政治领域（与其和政治团体的亲密程度与开放程度有很大关系）、机构来源和智库定位（与智库与政府或者市民社会的距离有直接关系），以及政策制定的具体环节等有直接的关系。不同的智库在决策制定的不同阶段发挥的作用是不一样的，具体情况如表 1 所示：

表 1　不同类型智库的影响程度

智库类型	对议程设定与问题界定的影响	对政策选择与实施的影响	对政策应用的影响
学术型智库	＋＋	＋＋	＋＋
项目型智库	＋	＋＋	＋＋＋
倡议机构	＋＋＋	＋	＋
政党型智库	＋＋＋	＋＋	＋＋

＋较低影响或者效度；＋＋中度影响或者效度；＋＋＋较强影响或者效度

资料来源：Martin Thunert, Think Tanks in Germany: Their Resources, Strategies and Potential, *Zeitschrift Politikberatung* 1, 2008, pp. 32－52。

（5）智库的具体案例研究

智库作为兴起于美国的概念，国外学术界对美国语境下智库的分析材料

① Andrew Rich, *Think Tanks, Public Policy, and the Politics of Expertise*, Cambridge Press, 2005, p. 22.

也自然最为丰富。一些学者探讨美国智库对本土某个领域政策的具体影响。比如有学者从智库与美国外交政策的关系视角进行经验性的研究，根据对美国智库的外交议程的经验性观察，认为智库事实上起到的是一种“旋转门”的作用。[①] 具体而言，一方面，智库作为“政治的训练场”提示决策者和政府机关提前做好外交议题的应急预案；另一方面，智库对不同政党在外交定位的长远性的重视有所启示。有的学者从布鲁斯学会或者胡佛研究院等具体智库入手，研究智库的一般运行模式、组织方式以及政策影响路径。

对智库从组织、运行以及影响这条路径上进行的研究模式已经成为学术界分析影响政策的学术机构机制参考的一般框架。而且，这种应用已经不仅限定于对美国智库的分析上，开始移植到对其他国家或地区的智库分析。比如在欧洲地区，马丁·图奈特专注研究德国的智库，他认为德国具有一个非常重要的传统，那就是国家有专项的财政资助支持智库的发展。[②] 德国最主要的智库都是德国政党的基金会组织。此外，大型企业智库和学院智库也是非常重要的智库形式。他指出，德国智库的活动更多的是为了服务于政党的目的，德国智库的影响渠道更多的是依赖大众传媒的作用。图奈特认为，德国智库实际上在德国的政治生活中发挥着非常重要的功能。但是目前德国智库面临着一些复杂的问题，这表现为近年来由于智库议题变得更为政策驱动，逐渐切断了与学术研究的联系，反而适得其反，减弱了决策者对其的需求。

乌尔里希·海斯特卡姆普（Ulrich Heisterkamp）和马丁·图奈特对德国政党智库进行了比较性的研究。海斯特卡姆普在《政党智库：德国政治基金会的比较研究》中具体对智库其中的一种模式政党型智库进行了研究。他对德国六大政治基金会——弗里德里希·艾伯特基金会（社会民主党）、康拉德·阿登纳基金会（基督教民主联盟）、汉斯·赛德尔基金会（基督教社会联盟）、弗里德里希·瑙曼基金会（自由民主党）、海因里希·伯尔基金会（绿党/联盟90）、罗莎·卢森堡基金会（左翼党）——的发展历程进行了叙述与分析，

---

① Richard N. Haass, “Think Tanks and U. S. Foreign Policy: A Policy-Maker's Perspective”, *Policy Makers View*, 2002.

② Martin Thunert, “Think Tanks in Germany”, in *Think Tank Traditions—Policy Research and the Politics of Ideas*, Diane Stone and Andrew Denham (eds.), Manchester University Press, 2006, p. 71.

他从目标定位、组织结构、影响方略等方面探索和形成了德国政党智库研究的基本框架。他认为德国政党智库的作用则集中体现在通过协调政治蓝图影响或政策走向、通过学术对话提升学术研究、通过提供奖学金项目培养青年人才储备等。[①] 图奈特的研究也基本遵循了这样的逻辑轨迹，从历史的视角开始对德国政党智库的发展历程进行了阐述。[②] 表 2 展示的就是德国政党基金会的基本情况。

表 2　德国政党基金会一览表

党派名称	基金会	发展历程
社会民主党（SPD）	弗里德里希·艾伯特基金会（FES）	1925 年成立（1933 年被纳粹禁止）
		1945 年重建
基督教民主联盟（CDU）	康拉德·阿登纳基金会（KAS）	1956 年社会基督教民主改革
		1958 年组建政治学术会
自由民主党（FDP）	弗里德里希·瑙曼基金会（FNS）	1958 年成立
基督教社会联盟（CSU）	汉斯·桑戴尔基金会（HSS）	1967 年成立
联盟 90/绿党（Bündnis 90/Die Grünen）	海因里希·伯尔基金会（HBS）	1988 年彩虹基金联盟成立
左翼党（Die Linke）	罗莎·卢森堡基金会（RLS）	1990 年成立
		2000 年改名为罗莎·卢森堡基金会

资料来源：Martin Thunert, Think Tanks in Germany: Their Resources, Strategies and Potential, *Zeitschrift Politikberatung* 1, 2008, pp. 32–52。

马提亚·吉普（Matthias Giepen）在《英国的智库以及其对欧洲政策的影响》中，通过对几个主要的英国智库的观察，分析这些智库对欧洲政策的具

① Ulrich Heisterkamp, Think Tanks der Parteien? Eine vergleichende Analyse der deutschen politischen Stiftungen, VS Verlag für Sozialwissenschaften, 2014, p. 25.

② Martin Thunert, "Think Tanks in Germany", in *Think Tank Traditions—Policy Research and the Politics of Ideas*, Diane Stone and Andrew Denham (eds.), Manchester University Press, 2006, p. 21.

体影响力[1]。一般而言，法国智库比其他西方国家比如英国、美国、德国的智库规模要小很多。法国智库的另一个特点在于其与政党的相对斗争的关系。意大利学者索尼亚·卢卡瑞丽（Sonia Lucarelli）等在《意大利：智库与政治体制》中对智库的官方负责人对20世纪90年代的意大利政治体制变革中的智库作用进行了分析，他们认为，意大利智库更沉醉于学术领域的讨论，缺乏意识形态性特点，在冷战结束后的时代，意大利的智库并没有根据整个欧洲以及意大利本国政治议题与政治体制生态的变化而及时调整影响策略，并在这个基础上从倡议联盟路径的框架下为意大利智库开出一些包括影响政党选举、跨倡议联盟学习等具体的改进药方。马克·桑德勒（Mark Sandle）在《智库：俄国与中东欧的后共产主义和民主》中对智库在苏联解体后的国家政治、经济、社会等方面建设中发挥的作用进行了解读。在苏联解体以前，他认为苏联智库主要分为科学学术机构、大学以及苏联体制下的智库三个层次。解体之后，伴随着政治环境巨大调整，俄罗斯和东欧的智库都经历了内部调整与快速飞跃阶段，他将这一现象的原因归结为新自由主义的制度化，也是中东欧国家应对治理危机的部分表现。他认为智库理论可以作为“理解这个地区广泛的政治、经济变化的一个视角”[2]。

国外学界对亚洲智库特别是中国智库的研究热度也在日益上升。有些学者重点对中国智库的作用进行透视与研究。比如，黛安·斯通对中国政策研究机构进行了观察分析后认为，亚洲和西方社会的智库有很大的差别，亚洲包括新加坡、日本等国的智库大多具有政治依赖性。过去，官方智库（党校、社科院）和半官方智库对中国政策制定的影响最为明显。随着中国的政治体制改革和改革开放进程的推进，独立性智库影响力在逐渐提升。[3]

---

① Matthias Giepen, Think Tanks in Britain and how They Influence British Policy on Europe, Verlag Für Akedemik. 2008.

② Mark Sandle, "Think Tanks, Post Communism and Democracy in Russia and Central and Eastern Europe", in *Think Tank Traditions—Policy Research and the Politics of Ideas*, Diane Stone and Andrew Denham (eds.), Manchester University Press, p. 137

③ Diane Stone, Ming-Chen Shai, "The Chinese Tradition of Policy Research Institutes", in *Think Tank Traditions—Policy Research and the Politics of Ideas*, Diane Stone and Andrew Denham (eds.), Manchester University Press, p. 151.

2. 关于环境非政府组织（ENGO）的研究

非政府组织，也就是 NGO（Non-Governmental Organizations）组织，其在市民社会与政府机关之间的润滑作用与机制在学术圈已经得到了普遍认可。在环境政治领域，非政府组织，尤其是关注绿色议题的环境非政府组织对环境议题的讨论与发展有重要的推进作用。因此，一些国外学者尝试从非政府组织的视角解读对环境决策的具体影响机制与影响效果。

托马斯·普林森（Thomas Princen）和马蒂亚斯·芬格（Matthias Finger）在《世界政治中的环境非政府组织：联结地区与全球》（*Environmental NGOs in World Politics*）一书中从新社会运动与政治商讨这两种不同的理论框架出发，认为环境非政府组织实际上经常扮演着一个强劲的讨价还价者的角色，并且通过一种唯一性的和非常坚定的价值观念，与其他的政策活动者协商斡旋，从而能够有助于解决在其出现之前政治生活中悬而未决的环境议题与生态危机问题。他们认为非政府组织存在的最大意义在于可以对决策者提出难题与挑战，不断推动着政府揭开原本政府不愿触及的决策行为区域与全新议题。但是另外一方面，相较于传统的政府环境部门，环境非政府组织作为一种非常松散的组织形态，其政策影响力只能在传统权力区域以外发挥。因而，普林森与芬格认为环境非政府组织事实上作为一种在政府权力与公民运动之间存在无形张力的非营利性实体组织发挥影响。为了分析具体的影响，学者们使用了绿色和平组织等具体案例进行分析，但是案例应用过程中产生了新的问题，政策协商与社会运动作为理论假设解释并不能够完全被列举的案例所证实，他们将症结归结为环境非政府组织发展初期样板较少所导致的案例选择范围过于广泛化与议题的微观化问题。① 而事实上，这项研究理论框架的选择不合理性根源在于作者过于随机地对事实经验的利用进行判断，没有从逻辑上选择合适的解释框架。

有的学者从国际性环境协议制定具体过程研究环境非政府组织影响力的具体发挥。比如，雷利（Reilly. C）在《里约之路：NGO 决策者和社会生态学的发展》一文中对里约会议中环境非政府组织在全球论坛中的作用进行挖掘，认为环境非政府组织实际上只能作为这一过程的次要事件，却在另一个方面又

---

① Thomas Princen, Matthias Finger, *Environmental NGOs in World Politics*, Routledge, 1994, p. 14.

把穷人的利益推到国际谈判桌前，显示了其能把各个阶层联合起来的政治潜力。[①] 米歇尔·贝斯尔（Michele M. Betsill）在《环境非政府组织与京都议定书的协商：1995 到 1997》一书中通过对 1995 年到 1997 年非政府组织在协商过程中具体问题的协商与会议记录的经验的搜集与整理得出结论，虽然《京都议定书》的签订过程看似并没有环境非政府组织的参与，但是在实质上其在协定签署过程中发挥了重大的作用。环境非政府组织对《京都议定书》的影响实际上是在一个名为"气候行动网络"的框架下开展起来的。因为环境非政府组织确实难以参与正式的圆桌会议和其他议程来影响国际环境决策，但它的影响策略包括每日信息推送，传播专业领域的学术观点等，也在事实上影响了对各国温室气体排放具体要求的确定过程。[②]

以不同地区案例研究环境非政府组织在环境政策中的作用也是一个非常重要的研究着力点。以地区案例为中心的环境非政府组织研究在国外学术领域出现很早，基本上集中于北方国家。比如，汉斯–尤根·迪特瑞奇（Dietrich, Hans-Jürgen）1975 年发表在《环境政策与法律》杂志的《加拿大与美国环境委员会的非政府组织形式》（NGO's Form Canada-U. S. Environmental Council）一文，对美国与加拿大的非政府组织的环境政策的影响，也是最早对环境非政府组织的研究[③]。此外，对于南方国家的研究方面，戴维·波特（David Potter）在 1993 年主编的《非政府组织与环境政策：非洲和亚洲的案例分析》一书是弥补这种研究空白的比较典型的代表作。书中对非政府组织在亚洲的印度与印度尼西亚、非洲的津巴布韦等国的影响以及跨国非政府组织网络在议题设定、议题商讨、选择与议题实施等过程中的作用与机理进行了经验性的考察。波特把环境非政府组织参与影响环境政策的过程界定为"某个特定非政

① Reilly. C. A., "The Road from Rio: NGO Policy Makers and the Social Ecology of Development", *Grassroots Development*. Volume 17, Issue 1, 1993, pp. 25 – 35.

② Michele M. Betsill, "Environmental NGOs and the Kyoto Protocol Negotiations: 1995 to 1997", in ed Michele M. Betsill NGO Diplomacy, *The Influence of Nongovernmental Organizations in International Environmental Negotiations*, The MIT Press, p. 44.

③ Dietrich, Hans-Jürgen, "NGO's Form Canada-U. S. Environmental Council", *Environmental Policy and Law*, Volume 1, Issue 2, October 1975, p. 98.

府组织或者一系列非政府组织有目的完成影响环境议题”。[①] 他的研究的意义在于，实际上是实证考察非政府组织在不同议题和国度的具体影响。不过其缺点仍然在于过多依赖在经验性资料搜集分析的基础上，通过采访或者文献解读阐释影响过程，没有更加深层次的理论解读与分析。

3. 关于环境专家知识在政府决策过程中作用的研究

智库是聚合了丰富的专家知识的智力资源机构。代表专业知识权威的专家和民主的政府管制之间存在的张力是当代重要的政治维度。专家的理性知识在科学相关的政策领域，尤其是环境决策领域起着非常重要的作用。因此，在这个意义上，专家知识在决策过程中的作用也是智库以及绿色智库决策影响的一个重要的和基本的参照层面。

索森（Thorson S.）和安德森（Andersen, K.）较早对专家机制在政治决策领域的作用进行了研究与探索。[②] 他们认为专家机制可以在某些需要专业性知识辅助的议题领域提出目前解决问题的可能性方案，以及洞察和预见未来将会面临的新问题，因此，专家实质上是扮演着可以潜在地对决策者发挥影响作用的专业性咨询者的角色。

弗兰克·费舍尔（Frank Fischer）则进一步对市民与专家在环境决策过程中的作用发挥分别进行了诠释与比较。在《市民、专家与环境》（*Citizen, Experts and Environment*）一书中，费舍尔认为在环境风险语境下，市民与专家的作用与二者之间的张力变得更为凸显。“技术决策实践对市民社会的环境运动的政治回应代表着环境专家的技术理性思维和市民的社会文化的冲突。”[③] 因此，在决策过程中，决策者必须全面与综合地考量专家知识的权威性与回应公众诉求等多元因素的复杂影响。费舍尔指出，当代普遍讨论的“后工业社会”及其重要的变化形式“信息社会”本质上集中凸显的是社会对专家知识的依赖与巨大需求。

克里斯蒂娜·波斯威尔（Christina Boswell）从不同的政治环境或者政治体

---

① David Potter, *NGOs and Environmental Policies: Asia and Africa*, Frank Cass Publishers, 1996, p. 2.

② Thorson, S., Andersen, K., Expert Systems in Foreign Policy Decision Making, in Expert Systems in Government Symposium.

③ Frank Fischer, *Citizen Experts and Environment*, Duke University Press, 2000, p. 7.

制视角对专家知识的作用进行考察，认为专家知识的影响力在于工具化、合法化与证实。政治讨论环境背景下更容易显现。在重视不同来源的诉求与利益的政治体制下，决策者为了确立议题或者政策来源的合法性，倾向于利用专家知识协调与弥合政策与民意之间的差距。波斯威尔对专家知识的特质进行了明确的界定：专家知识的特点在于一方面，“其与一定的机制或者组织相联系”①，而另一方面，专家的知识一般也需要满足本质的与程序上的具体要求。本质性的要求表现为专家知识必须保持概念与理论的一致性，回应对知识要求的产出、分析与评估；在程序要求层面，这些知识必须是经受过专业训练的专家运用科学的社会研究方法得出的结论，才能称得上研究或者知识。

4. 关于绿色意识形态的研究

绿色意识形态是贯穿环境社会学、环境政治学等环境社会理论领域的统摄性概念。任何论域设定在环境或者生态领域的社会科学研究都不可避免地带有或多或少的意识形态性。

国外一些学者认为绿色意识形态的实质是以生态主义价值观为根本特质与逻辑起点，对不同议题潜在看法与评价的综合性政治意识体系。比如安德鲁·多布森在《绿色政治思想》中明确指出，生态主义实质上是通过与其他意识形态一起共同发生作用而彰显其特点的。不仅如此，与其他政治意识形态一样，绿色意识形态不仅内在地包含生态环境议题，也囊括了政治、社会、经济等各个领域。② 在《绿色政治思想》一书中，多布森尝试把生态主义作为独立的意识形态树立起来，并且选取了自由主义、保守主义、社会主义和女权主义这四种具有代表性意义的政治意识形态，进行了比较论证。他从很多具体的争论举证方法出发，对这四种不同的政治意识形态从其各自的核心主张与根本观点层面进行了系统分析与比对，认为生态主义是可以与上述“四种主义”彻底区分开的，生态主义展现出了独立的政治意识形态特点。多布森强调，生态主义是以一种根本性的方式关注人类与自然环境之间关系的。生态主义的两个

---

① Christina Boswell, *The Political Uses of Expert Knowledge: Immigration Policy and Social Research*, Cambridge University Press, 2009, p. 24.

② Andrew Dobson, *Green Political Thought*, London: Harper Collins, 1990, pp. 1 - 2.

主题：对物质增长极限的信念和对人类中心主义的反对是不可能由自由主义、保守主义、社会主义或女权主义等任何意识形态所包含的。还有一种观点认为绿色意识形态是超越了传统左与右的传统意识形态分界的环境主张与生态理念的集合。泰德·舒尔（Tad Shul）认为，“绿色意识形态将任何政治左翼与右翼思想在道德上看作是平等的，因此拒绝与任何一方的融合或者妥协”。[①]

不过有学者对绿色意识形态概念本身成立的前提持有质疑与批判的态度。比如希腊政治学家亚尼斯·斯塔夫拉卡吉斯（Yannis Stavrakakis）在《绿色意识形态：一个歪曲的概念》一文中，认为绿色意识形态“并不是一种全新的意识形态，其只是先前出现的各种意识形态的累加而已”[②]。他对通常情况下绿色意识形态往往被误认为是崭新的意识形态的现象进行了解释，认为这实质上是源于其围绕着一个交叉的新视点——绿色的视角。这种绿色视角为之前已经存在的很多元素赋予了新的内涵，并且将这些元素转换为新的绿色意识形态。他的一个论点是女性主义意识形态在绿色意识形态出现之前就内在地包含了绿色意识形态的元素。

有的学者对绿色意识形态内部进行了具体区分，认为其包括了深生态学、浅生态学以及生态社会主义等内在分界的意识形态。英国的生态社会主义代表学者戴维·佩珀（David Pepper）首先从绿色意识形态的思想来源层面对其与其他意识形态进行了区分。他认为就其所属集合而言，绿色意识形态是属于后现代主义体系下的意识形态，其与自由主义等前现代的意识形态有着明显的分界。而在绿色政治意识形态内部，则又有内在的区别。在绿色意识形态内部谱系中，最核心的是从深生态学维度考虑人与自然关系的生态中心主义的意识形态。与之完全相反的人类中心主义则是浅生态学的观点，认为环境问题的解决根本是为了人类的利益。[③] 而中间层面的社会生态学或者生态社会主义认为生态环境问题与社会问题有密切的关系。[④] 而德国的印裔生态社会主义学者萨

---

① Tad Shull, *Redefining Red and Green: Ideology and Strategy in European Political Ecology*, SUNY Press, 1999, p. 59.

② Yannis Stavrakakis, “Green Ideology, A Discursive Reading”, *Journal of Political Ideologies*, Volume 2, Issue 3, 1997, pp. 259–279.

③ David Pepper, *Modern Environmentalism: An Introduction*, Routledge, 1996, p. 35.

④ David Pepper, *Modern Environmentalism: An Introduction*, Routledge, 1996, p. 21.

拉·萨卡则在《生态社会主义还是生态资本主义》一文中对生态资本主义与生态社会主义这两种不同的绿色意识形态从比较的视角进行了分析。他对生态资本主义持有质疑的态度，认为生态资本主义本身最严重的问题就是它是完全建立在自私自利的趋利基础上的。通过在资本主义时间视野的内部矛盾、资本主义体制的无效和浪费、资本主义追求利益的逻辑、资本主义贪婪的增长动力五个层面的考量，萨卡对生态资本主义进行了批判。萨拉·萨卡认为应该把解决生态危机的希望寄托于另一种意识形态——生态社会主义的理想，提倡经济和社会可持续、收缩工业经济、人民平等地分摊较低的生活水平、停止人口增长和提高生态道德等具体主张的生态社会主义有助于解决生态危机，能成为21 世纪的科学社会主义。①

（二）绿色智库的国内研究状况：基本方面及具体问题

1. 关于智库研究

国内不少学者通过对我国古代决策者与知识的融合形式进行历史考察，认为如若将智库看作为决策者谋略策划的智识机构，最早的“类”智库的理念甚至可以追溯到儒家的“贤能政治”理念下对智识人物的培养。春秋战国时期的贤能政治表现之一就是决策者对“士”阶层的咨政建言功能的重视与培育，这部分具备专业知识与政治参与意识的知识分子阶层通过游历讲学，从事各种政治活动，在一定程度上影响了君主的决策取向。而在另一方面，将学识与统治者政策取向结合起来的“得君行道”理念也成为知识精英阶层实现政治与社会价值的基本共识。这样，由于学者智慧对国家政策决策的推动，也催生了诸多知名的智囊人物，比如孟子、荀子、韩非子等虽然位列政治体制以外而深刻影响君主思想决策的知识分子。可以说，在古代，智囊人物构成智囊机构，然而智囊机构成员却不完全都属于国家的官方行政序列。

很多国内学者注意到我国古代的智库所具有的不同代表形式。其一是在战国时代，齐国齐桓公稷下办学发展而来的“稷下学宫”，将不同思想流派的士

① ［德］萨拉·萨卡：《生态社会主义还是生态资本主义》，张淑兰译，山东大学出版社 2008 年版，第 166 页。

阶层整合起来成为一个松散的“学术组织”。春秋战国时期，“‘善士成团’学说的出现是稷下学宫产生的理论基础”。[①]《中论·亡国》中记载，“昔齐桓公立稷下之宫，设大夫之号，招致贤人而尊崇之。”[②] 作为官办的私学，齐桓公设立的“稷下学宫”成为儒、道、墨、法等不同思想立场的流派自由表达政见，交流学识的“百家争鸣”之地。而学者“治国平天下”的治学理念与家国情怀也在另一方面有助于各派思想对君主决策的推动，实质上成为君主纳贤谏言的“外脑”机构，从而国内学界将其认为是我国古代官方智库的雏形。而在之后的历史时期里，能够体现“贤能政治”的另一个重要的体制性表象是秦汉之后逐渐出现在历史舞台上的幕僚机构。幕僚机构是介于官方决策体制与知识分子阶层之间的沟通机构。“幕僚通常是为统治阶级的特定人群服务、提供政策咨询的。”[③] 幕主聘任幕僚，组织幕僚进行系统化的进谏纳言与筹谋规划工作；而幕僚自身，拥有思想上较为先进和深刻的洞察与见地，在体制上又相对独立于权力体系，对古代统治阶层提供一种思想冲击和政策启发。因而在这个意义上，可以认为我国古代的幕僚体制实际上基本具备了当代官方智库的一般形态。

当前，全球的智库数量以极速发展的趋势扩张，对国内与国际政策的影响力也开始不断凸显，俨然已成为政治决策的重要来源，人们开始将目光逐渐从对传统决策机关的依赖转换到对智库的更多关注。国内很多学者认为，如果将智库作为一种精英主义治理模式予以考察的话，智库在历史上出现的时间可以提前。

不过国内学术界以科学方对智库产生、发展的研究起步相对较晚。国内早期对智库的研究以思想库或者基金会研究为主，最早可以追溯到20世纪80年代对西方思想库的研究。1985年，张静怡出版的《世界著名思想库——美国兰德公司、伦敦国际战略研究所等见闻》[④] 是我国较早介绍和研究国外思想库

---

① 张创新：《也论“稷下学宫”——兼论中国古代智囊团的产生》，载《长白学刊》，1993年第3期。

② 〔汉〕徐干：《中论·亡国》。

③ 任玉岭：《中国智库》第一辑，红旗出版社2011年版，第4页。

④ 张静怡：《世界著名思想库——美国兰德公司、伦敦国际战略研究所等见闻》，军事科学出版社1985年版。

发展历史与运行机制的著作，这部著作将美国兰德公司与伦敦的战略研究所进行了经验性的介绍。

一般而言，我们可以根据具体研究主题的演变历程把国内学界关于智库的研究划分为三个不同的时序阶段。第一阶段，20 世纪 80 年代到 2000 年前后，是智库理论的引入阶段。这一阶段的智库研究基本上以简单地翻译、介绍西方智库的基础概念与基本情况为主。研究议题较为宽泛，从西方智库的概况、功能到其对现代性的影响，但是缺乏研究问题的集中度与深度，一个重要的表象是专业性的学术著作为数不多。1991 年，李光出版了《现代思想库与科学决策》①，他认为现代智库由于能为现代社会不同层次的决策者的决策科学化民主化需求服务，而成为现代西方社会的决策治理体系和全面政策决策过程中不可或缺的重要组成部分。他通过对现代思想库的历史发展脉络的梳理与基本情况与功能的介绍，基本上对智库一般情况的介绍起到了向导作用。有些学者专注经济领域，从经济视角出发研究西方经济思想库。赵汉平主编的《西方经济思想库》② 1—4 卷则提供了一种更具有深层理论内涵与话语逻辑的智库分析框架。他从微观和宏观两种视角，增长与发展两种趋向，思想与流派两个体系以及经营和管理两个层面构架了西方思想库的发展情况，是一个在逻辑体系上相对比较严密的研究。

在学术论文方面，这一时期较为系统论述智库作用的是 1996 年薛澜在《国际经济评论》上撰写的《在美国公共政策制订过程中的思想库》一文。这篇文章分析了美国公共政策形成的具体过程，包括从议程制定到形成政策，执行政策以及评估政策等具体过程的参与主体，认为各类思想库和利益集团在影响政府决策方面发挥了很大作用。其中学者、政策研究专家和政策咨询专家、政府运作专家和政策评论家等以个人形式推动美国的专家决策过程。薛澜认为，美国思想库成功发挥作用的原因在于两个基本方面，一方面是其智库市场总体“竞争、透明、品牌突出”的外部环境，另一方面在于美国具体的思想库内部“高效、流动、超前、广角”③ 的组织结构与管理方式。

---

① 李光：《现代思想库与科学决策》，科学出版社 1991 年版。

② 王慎之：《西方经济思想库》第 3 卷，经济科学出版社 1997 年版。

③ 薛澜：《在美国公共政策制订过程中的思想库》，载《国际经济评论》，1996 年第 6 期。

第二个阶段，即2000年到2009年之间，是国内智库研究框架形成以及研究内容逐渐成熟的阶段。国内学术界开始探讨智库的基本组织模式与运行逻辑，探索如何最大化地发挥智库的影响力。这一时期，国内学术界依然是主要依靠对发达国家尤其是美国智库的运行模式对中国智库发展的借鉴意义。另外一些学者则注重从欧洲国家的智库运行过程中获得启示，例如《欧洲思想库及其对华研究》对欧洲尤其是英国、法国、德国和意大利的部分基金会进行考察分析，进行了一种全景式的扫描与描绘的研究，更多注重案例研究的学术方法。值得注意的是，清华大学的朱旭峰《美国思想库对社会思潮的影响》，认为智库作为“第五种权力”在美国社会的政治生活中占有重要的地位，并对美国社会思潮的形成产生重大影响。[①] 他尝试从右派（保守主义）、左派（自由主义）与中间派的意识形态立场的不同建立美国思想库流派对社会思潮影响力的分析框架，并提出了“美国思想库流派与美国社会思潮是相辅相成的”与“不同流派思想库的公众影响力反映了当时美国的社会思潮”[②] 的理论预设，并运用这一框架根据当时的主流媒体对智库思想的引用频率分析大众思潮分析智库流派变迁与美国社会思潮的变化的相关性。另外，在《西方思想库对公共政策的影响力》一文中，他认为理解思想库的作用机制可以从精英理论和多元主义两种不同的视角，从决策影响力、精英影响力与大众影响力三个层面建构了智库影响力的分析框架，探索从多个层面科学评价思想库的影响力[③]。2009年出版的《中国思想库：政策过程中的影响力研究》[④] 一书则是在之前研究的积累基础上，以一种成熟的论证视角和方法对中国智库在决策过程中产生的作用进行一种整合研究。

第三个阶段，即在2010年之后，我国的智库研究进入了一个新的阶段——智库研究的本土化推进阶段。一方面，智库的基础研究继续向纵深推进扩展，对智库的影响力与影响方式有了普遍的认识。另一方面，为响应建设中

---

① 朱旭峰：《美国思想库对社会思潮的影响》，载《现代国际关系》，2002年第8期。

② 朱旭峰：《美国思想库对社会思潮的影响》，载《现代国际关系》，2002年第8期。

③ 朱旭峰、苏钰：《西方思想库对公共政策的影响力——基于社会结构的影响力分析框架构建》，载《世界经济与政治》，2004年第12期。

④ 朱旭峰：《中国思想库：政策过程中的影响力研究》，清华大学出版社2009年版。

国特色新型智库的要求，学术界的研究也相应地发生了转向，对中国智库的发展状况和困境克服的讨论和研究显著增加。

一是，对其他国家或者地区智库经验的介绍与引入在空间范围上有所扩展。比如王佩亨等编写的《海外智库：世界主要国家智库考察报告》，以专题研究的形式考察部分发达国家和金砖国家智库建设的经验，包括美国、法国、德国、日本、韩国，以及俄罗斯、巴西等国智库的发展概况与运行体制机制，致力于将其中具有实用性和可操作性的经验为我国特色新型智库建设提供一定的借鉴和启示。

二是，随着我国智库规模和质量的提升，学者对我国智库本土化研究的关注度和讨论热情持续提升，特别是建设性地对当前我国智库建设中出现的问题进行分析并提出建议。比如，任玉岭主编的《国家智库》，通过分析发现我国传统的政府决策咨询机构长期以来面临着体系庞大效率低下的影响乏力困境，并着力从各方面探索走出困境的道路。上海社科院出版的《中国智库竞争力建设方略》是李安方等在对智库竞争力的概念内涵进行界定和系统分析的基础上，探索评估中国智库综合竞争力的指标体系框架，从智库自身研究独立性、人才培养路径的创新性、研究视野的全球性等视角寻求更能推进我国智库竞争力提升的建设性建议。

在国内，还出现了一些专业化研究智库的研究机构，或者说是专业“研究智库”的智库。比如，上海社会科学院将智库研究作为传统研究优势，并在此基础上成立了智库研究中心，作为专门研究智库的理论机构。该中心推出了一系列智库相关的研究成果。比如，《西方学者论智库》等首批著作在2010年陆续出版，这部著作建立在国外学术文献的基础上，对智库概念的来源与发展，智库研究主题的背景与演进进行梳理，认为智库的定位来源于精英主义、多元主义、国家主义和制度主义四种不同的概念方法，介绍和分析了国外学者有关智库研究的思想、观点和分析方法。上海社会科学院智库研究中心主任王荣华主编的《智库产业》丛书分为《演化机理与发展趋势》《重大事件与智库贡献》和《理论创新与实践探索》三个部分。这部丛书中，智库被看作一种专门为公共政策和公共决策服务，生产公共思想和公共知识，以思想创新性、政策影响力和公众关注度为基本特征的社会组织。丛书定位于解决学术界关于智库产业化的争议问题。该丛书编者提出我国目前智库研究中存在“智库多、智库产业少”的困境。他们通过对国外智库和智库产业运行与发展情况的考察与分析，围绕智库产业发展的经济、政治、文化、历史和社会生态等基本特质，通过深度的理论透视与逻辑思考，对智库产业的演化机理进行了系统性分析，对智库的未来发展趋势进行了前瞻性预测。不仅如此，2014 年开始，上海社科院智库研究中心已经连续发布了《中国智库报告》，追踪了几年来我国智库的发展逻辑与发展规律，并对我国智库的影响力进行了排名。

尤其需要强调的是，上海社会科学院智库研究中心在《2014 年中国智库报告——影响力排名与政策建议》中指出的对智库影响力的评价是其决策影响力、学术影响力、媒体影响力、公众影响力和国际影响力，以及智库影响力实现的一整套渠道和机制，即智库的成长与营销能力等，这些共同构成了该系列报告采用的对于中国智库影响力的评判标准①。这从一个侧面反映了对智库的评价需要全面与多维的视角。

此外，对我国智库内部体系的讨论关注也持续升温，有些学者重点关注我国的官方与半官方智库研究，如朱有志等编写的《思想库智囊团：社会科学院初论》将社科院系统智库的地位定位为马克思主义传播阵地、党和政府的智库、社会科学的殿堂，从行政管理机制、科研运行机制以及经费保障机制探索了社科院智库的运行模式，并研究提升社科院科研成果的转化率。

2. 关于绿色智库研究

值得注意的是，国内对专业化的绿色智库研究也开始有所关注。周生贤主编的《中国环境智库文集（2007—2010）上、下册》对国家环境咨询委员会报告、环境保护部科学技术委员会报告以及环境形势综合分析咨询三个官方环境智库的文件或者报告进行深度分析与阐释，基本上呈现出了环境智库所涉指的基本研究领域，比如包括能源、环境与应对气候变化形势分析及政策建议、环境形势综合分析咨询（环境与经济综合决策质量研究），中国环保民间组织的现状及其作用，生态农业的政府支持与政策调整建议，国家生态环境评估体系建设发展战略研究，发展我国环保产业的机制与体制保障研究，低碳经济技

① 上海社会科学院：《2014 年中国智库报告——影响力排名与政策建议》，第 15 页。

术转让面临的机遇与挑战等。

郁庆治在《环境社会治理与国家“绿库”建设》中首先提出了绿色智库的概念。他认为，“‘绿库’是指一个较为制度化的实体机构，通过一种综合性的内容涉指对生态环境难题的理解与应对提出独创性的科学见解和政策建议。”①

总体而言，国内对智库的研究已经初具规模，但是仍然缺乏有解释力的理论分析与阐释范式。学术界对建设中国特色新型智库的热情度很高，从以“智库”为关键词在中国知网的检索中可以明显感受到：2010年以来，对智库的相关研究检索结果为5773条，研究热度呈现出井喷的态势。然而，现有的研究中实际上仍然存在不少困难：一方面，在智库理论的构建上，事实上还没有形成具备实际影响力的理论著述，国内的智库研究多以西方国家智库经验介绍为主，基本停滞在重复性回顾与阐释的阶段；另一方面，针对性对环境问题专业性绿色智库的研究仍然较为空白，以“绿色智库”为关键词进行检索，结果仅有郁庆治教授的《环境社会治理与国家“绿库”建设》与笔者撰写的《绿色智库的理论前景与现实走向：基于德国案例的分析》。因此，在目前解决环境议题重要性凸显的情势下，本书对绿色智库运行模式与功能发挥的专门化研究，或许能填补目前学术领域绿色议题智库研究的空白，也可以在一定程度上为我国国家环境治理体系和治理能力现代化、中国特色新型智库建设与生态文明建设提供理论上的助力。

三、绿色智库：研究对象与概念界定

如前所述，本书的研究目的主要是对当下国外不同生态价值取向的绿色智库及其运行模式和影响效果进行比较研究，探讨其对我国绿色智库的启示。因而，在研究对象上就是绿色智库这种特殊的智库形式，其特点在于“绿色”，这是其议题所属领域的色彩，也是议题的突出特质。绿色智库概念很大程度上是对智库概念在环境论域中的纵向延伸与拓展，所以需要首先对智库的概念进行确定。

---

① 郁庆治：《环境社会治理与国家“绿库”建设》，载《南京林业大学学报》，2014年第4期。

根据联合国开发计划署（UNDP）的定义，所谓智库，“是常规参与政策基础研究与各领域公共政策倡议的机构组织。在当代民主社会中，起到桥接知识与权力的作用。”① 这个概念是从智库的基本组织的基本功能入手进行界定的，也明确了智库的政策研究机构性质以及在知识和权力之间的桥接作用。但是不可否认的是，智库作为一种政策导向的科研机构或者社会组织，在这个界定的基础上仍然难以与其他形式的研究机构清晰划界。为了与一般社会组织进行区分，本书提出，所谓智库，是那些以一定程度上影响国家政策为目标定位，基于社会或者自然科学方法论基础，通过搜集、编译、解析、总结政策信息或者知识的独立性非盈利的研究机构或者咨询组织，智库是带有中介性、非营利性以及政策指向性特征的科研组织。

在从理论上大致勾画和界定了智库的基本形象与概念的基础上，我们就建构了进一步对本书的主要研究对象——绿色智库进行概念界定的前提。绿色智库，英文是 Green Think Tanks，从英文的构词法我们可以首先判断研究对象的基本部分依然是智库组织，而其作为在议题领域进一步专业化和精细化的特殊形式，与其他类型智库的最本质的差别在于一种“绿色”的气质或者色彩。这种“绿色”不仅是指议题内容的环境相关性，更为重要的是意味着这类智库共同的价值取向和诉求特质，即本身内置的对生态和自然关照认知基础上的理论倾向和价值选择。因而，“绿色”智库形成产品成果和政策议题时关注环境议题方向以及内置的生态价值观。本书所指的绿色智库就是以环境领域政治议题为研究方向，对环境政策发挥倡导、分析、评估与监督等政策建议功能的专业性研究或咨询机构。

四、绿色智库的研究：方法与思路

（一）目标与方法

本书的研究目标定位于以下几个层面：其一，通过对智库概念的演绎与移

① UNDP (United Nations Development Program), Thinking the Unthinkable, Bratislava, UNDP Regional Bureau for Europe and the Commonwealth of Independent States, 2003.

植，形成绿色智库分析的基本概念、理论范式与分析逻辑。其二，基本勾勒出绿色智库的分类图谱，对不同类型的绿色智库在组织运行模式、理论研究特色、政策影响力程度等层面进行对比分析与比较总结。其三，通过对具有代表性的德国绿色智库的深入分析，总结实践中德国不同类型绿色智库的各自理论或者政策研究优势、影响力发挥路径与困境。为达到以上研究目的，本书的研究方法主要为文献分析法、比较研究方法、案例分析方法与访谈法等。具体如下：

第一，在研究中笔者将主要遵循理论阐释方法，但同时也结合社会批判理论的视角。阐释方法主要表现在解释智库理论发展过程中起到关键作用的因素与变量，以及智库理论的内在概念是在何种程度上具体论证与演变的。对于绿色智库内部不同意识形态的分布进行批判性的阐释与界定。

第二，文献分析法。本书的研究建立在对智库研究以及绿色智库的相关文献的解读、分析与深入研究的基础之上，具体包括智库相关的中文、英文、德文的专著、期刊论文、会议论文、官方出版物及网络公布的年度报告等数据或信息，相关的报道、评论，以及其他网络资料。需要指出的是，本书特别重视第一手资料的发掘与分析，在对德国学派理论发展的研究中，在其德文官方网站中获取最新的一手资料，并阅读德文版与英文版研究报告，以及德文版相关研究文献，试图把握最新的理论发展状况和研究成果。

第三，本书也将采用比较研究的方法，比较研究的方法有助于更全面了解不同研究客体以及研究客体内部不同组成部分的具体区别与特点。本书将比较研究的方法运用于比较不同类型的绿色智库在理论研究与政策影响路径和效果中的具体差异，从而对不同类型绿库的具体特质和影响力效果进行较好的把握与梳理。

第四，本书还需要应用个案研究的分析方法。个案研究是对理论预设的实践印证与补充说明，从而可以对具体个例实际情况的观察中一定程度上证实理论范式的合理性或者不足。本书试图通过对德国三种维度的绿色智库的进一步分析与个别性阐释，以经验性案例论证与印证绿色智库的基本分析逻辑。

同时，本书利用对相关人物的采访作为研究方法。书面研究并不足以提供所有的信息，要获得对于绿色智库的全面了解，必须借助访谈法对相关人物进行采访。本书主要通过对一些知名绿色智库或者基金会内部的代表人物、研究专家以及德国政党相关人员关于绿库实际发挥作用的方式进行采访或者谈话调查，从而获得关于绿色智库运行模式与影响发挥的直接和第一手的资料，也弥补和克服了书面资料的不足。

（二）结构与框架

本书主要是以其内在根植的生态价值取向与依赖的生态价值理论的不同倾向为视角进行经验和逻辑性的考察，从而透视根植于不同价值取向的绿色智库的生态价值观、具体政策主张特质，具体评析当前西方绿色智库的发展情况，并且为我国绿色智库在未来发展提供一种参照和借鉴。

第一章主要是对当下智库研究的梳理，通过从时间维度对智库的产生历程与发展阶段的全面回顾，在这个基础上对智库的基本内涵做出一个较为清晰明确的界定，分析智库对政策实现影响效应所遵循的三个层面上的逻辑。

第二章是对绿色智库的历史梳理和内涵界定。一方面，通过展示绿色智库目前的时空分布特点，分析绿色智库的分布情况与当代经济社会发展水平的相关程度。另一方面，更重要的是，就是以绿色三种具体取向或者偏好（也可以理解为从对环境问题解决路径而归结为对人的变革的深绿倾向、对社会的变革红绿倾向还是对其他因素的变革浅绿倾向）作为逻辑主线，完成对三种取向绿色智库分析的方法论与研究结构走向的逻辑建构。

第三章主要是对浅绿生态价值取向的智库的具体阐释。其一是对浅绿智库内部凝聚的不同智库主体的基本特征与基本运行轨迹进行归纳和总结。其二是分析深绿智库决策的生态价值观或者生态理论偏好，以及在政策成果领域的具体主张。在本章中的最后部分，通过对柏林自由大学环境政策研究中心的具体分析，以个案分析展现浅绿智库的具体形象与影响。

第四章与第五章是以第三章的研究逻辑与结构分别对深绿生态价值取向以及红绿生态价值取向的智库展开的具体分析，对深绿智库和红绿智库的构成主体、生态价值观以及政策主张进行阐释，并仍然以德国的案例——深绿的“海因里希·伯尔”基金会与红绿的“罗莎·卢森堡”基金会进行案例分析，呈现这两类绿色智库的一般特质与具体形象。

第六章是对西方这三种主要的生态价值取向智库的比较性分析和评论，分析西方社会改良主义的浅绿智库相对于更为激进的无论是深绿智库还是红绿智库而言，之所以能够获得更广泛的政治和社会支持以及政策施展空间的关键因素，同时，对我国目前的绿色智库建设情况进行现状评析与前景展望。

第一章　智库的产生背景、语境与发展

从不同政治权力主体的合法性获得需求角度，至少是从保障其政治议题来源的科学性逻辑向度来看，当下政治生活对理论知识或者学术话语的社会动员与科学佐证的辅助功能需求绝不是在减少，而是日益增加。然而毋庸置疑的是，信息并不等同于知识。知识意味着对庞杂信息的搜集、处理、整合、解析、破译与应用的复杂处理过程，是对信息的全面升华。当前，可以确定地说，整个世界处于信息爆炸、数据膨胀的全新时代。对于不同政治主体而言，他们缺乏的不是足够的信息存量规模，而是可靠、科学和权威知识的系统整合与理性解读。智库作为链接学术话语与政治议题之间的桥梁与中介，以政策偏好的理论研究为关注中心，而活动轨迹又相对独立于正式政治领域，因此在政治生活不同圈层的沟通传导作用凸显出来。

由于一方面代表着专家知识的权威性，而另一方面其组织运行又相对独立于决策机关，秉持中立的研究立场，智库在现代政治决策领域日益得到聚焦与关注，成为炙手可热的第三方信息来源与咨询的专业机构。不过，虽然智库是“二战”后迅速发展起来科研或咨询机构，但是纵向地考察智库的发展演变历程，我们可以发现智库也并不是短时间内集中爆发式出现的，而是经历了一个较为漫长的历史发展过程而逐渐形成。不仅如此，智库内部的分界与多元化功能也是一个复杂的问题。绿色智库是当代智库形态中立足于专业化讨论环境议题，推动环境决策发展的特色智库，当代其在对决策者环境政策的影响力在逐渐凸显。本章则通过对智库在政治决策舞台的出场时序、发展趋势、基本内涵与功能界定的，对智库的历史演进与当代建构进行一个系统全面的梳理与回顾，以勾勒与展现当代智库的独特特征与功能影响，从而在这个基础上构建绿色智库的理论框架。通过进一步明晰绿色智库的内涵，勾勒绿色智库的谱系图示，展现绿色智库的全面图景。

第一节　智库的产生与发展阶段

在20世纪，对政府决策的智力支持与科学佐证发挥了非常重要影响的智库逐渐在政治舞台上显露，而被形象地称为政府的“外脑”或者“第四部门”。和任何社会组织一样，智库的出现伴随着时代议题的提出、阐释、应对与解决。智库是在什么样的历史背景下逐渐发展并在政策市场上获得一席之地的？智库内部又经历了怎样的发展阶段，衍生出了哪些类型？通过历史回顾智库发展脉络，反思与描述智库作为一种理论研究与政策咨询机构出现的深层因素。

一、智库产生的语境与背景

从把智库作为集合了知识精英与智慧资源的智识性社会组织的视角而言，智库在社会与政治生活舞台的初次登场是久远的事件。就智库所具备的“出谋划策”的咨政效应而言，智库发挥其功能的过程实际上就是将决策者的权力与知识精英的智慧学识结合、融合或者“联姻”，并在这个基础上实现互相影响的过程。

从严格的意义上，近代西方真正意义上的智库最先是以一种具体的研究机构形态而出现、发展与存在的。不过，当前作为一种既存的社会现象与现实问题的理论咨询机构，智库的生成与繁荣也是为了解决社会政治生活中出现与实际问题，解答与回应政治生活与理论中的各种争论。因此，智库的出现事实上是一个历史与现实、理论与实践、挑战与回应的互相纠结、互动影响的复杂的动态过程。

第一种情境，也即是智库最初产生的思想根源与社会历史背景。通过对智库的思想来源进行考察可以发现，智库在近代的迅速发展在根源上可以追溯到所受的西方理性主义价值观影响。理性主义赋予了人们在合乎自然规律与发挥人的认识能力之间行动的动力。15、16世纪的西方思想领域经历了在反对封建主义旗帜下的追崇科学、自由理念的大解放运动，也是西方历史上载入史册的启蒙运动的洗礼之后，融合了科学的研究方法与严密的知识逻辑的理性主义取代了经验主义思潮，逐渐成为西方社会思潮的主旋律。从根本上说，理性主义是一种凝结的认识论观点，理性主义的产生一方面是源于对知识的信任、依赖与追求，而另一方面其又将对知识的这种信任、依赖与追求向极致推进。理性主义坚持，通过感官所获取的经验性信息涵盖不了整个世界的所有知识，但是通过理性认识却可以达成。因为人类通过在知识经验基础上的推理可以解决人类面临的诸多问题。从认识论上看，这种信念实际上最初是来源于对古希腊哲学的领悟。古希腊理性主义的哲学家，从毕达哥拉斯到柏拉图和亚里士多德都认为世界的发展是合乎逻各斯（Logos）的，也就是合乎自然规律的发展的。但是他们同时主张人可以利用理智认识世界的这种规律性，而“人的理智功能是人的灵魂的一部分”①。哲学思想基本上都展现了对知识与智慧的偏爱。启蒙时期，随着笛卡尔、斯宾诺莎与莱布尼茨等对理性主义的推崇与演绎，尤其是培根集中性地代表着理性主义对知识追求的经典概括“知识就是力量”话语渐入人心，理性主义力量进一步得到了彰显。实际上理性主义所主张的是一种人的认识能力与世界发展规律之间“合目的性与合规律性的统一”的认识论。经历了启蒙时代之后，理性主义不仅深刻地影响与不同程度地改变了几百年来西方社会文化变迁与人们的思维方式与知识结构，也改变了政治决策发展的演化轨迹，政治理性主义越来越成为一种政治生活变动的理论表象。迈克尔·欧克肖特（Michael Oakeshott）谈到政治的理性主义趋向时说道：“在当代政治的理性主义的其他迹象中，在政治上应听取‘科学家’这样的人（化学家、物理学家、经济学家和心理学家等）的公认主张可算是一个，虽然科学包含的

① 韩震：《重建理性主义信念》，中华书局2009年版，第24页。

知识不只是技术知识，它提供给政治的却决不会比技术更多。"[1] 也就是说，科学咨询在决策中的应用就是这种理性主义的表现。而另一位学者布兰德·怀恩（Brandy Wynne）认为，"政治活动不仅表达先在的价值理念，同时也创造之，甚至或许是使用科学知识作为这样一种暗含的道德劝信的媒介。整个政治文化都仰赖专家权威的认知。"[2]

当知识的解释力与说服力被人们普遍接受与承认之后，政治生活及决策的经验化模式已经不能满足人们的政治诉求。政策决策者也希望从学者的科学知识与研究中获取政策决策的可靠性与合法性。当代政治越来越多地吸收了理性主义的灵感，也越来越依赖于理性主义的知识分析技术与科学思维方法。也正是在这个意义上讲，近代以来西方社会崇尚的科学与理性的思想基调成为智库在现代社会出现的一个重要思想基础。

第二种情境，则表现为随着信息社会与数据爆炸的第三次浪潮的现实气氛渲染，庞杂的信息数据的泛滥使人们分析数据的过程中更加依赖专业信息处理与研究的智库分析能力，崇尚信息价值，追求信息获取的畅通渠道成为一种社会氛围。20 世纪后半叶，先是新社会运动结合着带有后现代主义色彩的新社会思潮，一起开始登上历史舞台并且从此开始全方位地对人们的生活施加影响。自此，后现代主义推崇的后物质主义价值观改变了人们对世界的传统认知，传统对物质的积累追求对于人们不再像以往一样具有吸引力。以信息技术代表的第三次科技浪潮的风起云涌，前工业社会书写与创造历史的时代逐渐被改写与淡出。相反，信息时代使信息与知识的意义被人们重新发现与再次认识，最早定义信息时代的经济学家彼得·德鲁克（Peter Drucker）倾向于从经济视角审视这一过程，他甚至认为"知识是当今唯一有价值的资源"。[3] 而丹尼尔·贝尔的《后工业社会的来临》则进一步使建构在信息工业基础上的"后工业社会"发展趋向正在成为当代世界的普遍共识。也是在这个意义上，

---

① ［英］迈克尔·欧克肖特：《政治中的理性主义》，张汝伦译，上海译文出版社 2004 年版，第 22 页。

② Brandy Wynne, Ratinality and Ritual: the Windscale Inquiry and Nuclear Decisions in Britain, CHALFONT St Giles Bucks: British Society for the History of Science.

③ Peter Drucker, *Post-Capitalist Society*, New York: Harper Collins, 1993, p. 65.

通常认为“后工业社会”在当下最显著的代表或者是缩影实质上就是信息社会形态。虽然丹尼尔·贝尔强调的信息社会更多的是从社会结构的变化而不是政治与文化领域。他认为，后工业社会的认识包含了一个特定的核心原则，即将专业化职业视为一种主导性逻辑，对智慧越来越强调。但是西方社会的经济与内部元素将在信息社会被相当程度的改变和转型。具体而言，伴随着社会经济从物质中心到信息中心的转移，物质主义价值观还将被重构，并相应地被一种崭新的价值形态——“信息价值”所取代①。信息社会实质构建着一个后资本主义社会，从而将实现世界的彻底转型。社会运行与发展乃至个人的能力发挥越来越依赖于信息与知识的处理和掌握。而信息时代的来临在另一方面也突出地表征在信息数量的几何级增长。而其带来的问题是信息数量爆炸后的信息搜集难度上升。如此一来，在信息时代的宏大背景之下，决策者处理信息的难度不是在减弱，恰恰相反，而是在增加。为了满足与信息重要性凸显相伴的信息处理需求，就需要决策者寻求专业化的组织，智库就顺理成章与决策者的需求顺利地对接。

当然还有一种现实情境，则是从决策者对其决策来源合法性的实际考量出发，智库提供的决策在很大程度上能够保证决策的合法性来源。多元主义与精英主义是在政治决策领域关于决策来源的两种互相排斥的认知逻辑。也就是说从根本上看，两种认知逻辑遵循了不同向度的思考轨迹。具体而言，多元主义一般认为，科学的决策应该在多个相互独立与不同政治主张政治组织或者利益集团的共同协商与争论的条件预设下实现。詹姆斯·博曼认为，民主就意味着某种形式的公共协商。而“政体越大越多元，为了实现最低限度的民主就需要这种不同的、反复说明的协商过程”②。美国的政治学者罗伯特·达尔也分析了多元主义决策所带来的四种缺陷，他认为多元主义实际上会导致固化政治不平等、扭曲公民意识、歪曲公共议程与让渡最终控制的不良后果。③

---

① ［美］丹尼尔·贝尔：《后工业社会的来临》，高铦等译，新华出版社1997年版。

② ［美］詹姆斯·博曼：《公共协商：多元主义、复杂性与民主》，黄相怀译，中央编译出版社2005年版，第4页。

③ ［美］罗伯特·达尔：《多元主义民主的困境：自治与控制》，周军华译，吉林人民出版社2006年版，第37页。

而精英主义的决策理论则认为科学的决策更依赖于精英集团的决策与判断。比如，德国学者罗伯特·米歇尔斯（Robert Michels）认为事实上人类社会历史所经历的都是精英统治，而且这是一种必然的“寡头垄断铁律”。而约瑟夫·熊彼得也曾经在其久负盛名的著作《资本主义、社会主义与民主》中从政治企图的视角提出精英是代替大众表达民主诉求的，传统的政治精英是政治决策中的主要力量。在当代信息社会，作为知识精英的专家知识以及专家构成的专业化议题组织在政治决策的过程中发挥的作用日益显现，尤其是在环境、医疗、教育等相对专业的决策领域表现最为明显。知识精英在决策过程中辅助权力精英，并且共同构成了精英主体的重要元素。实际上，智库是一个能够在理论上沟通和填补多元主义与精英主义之间理论对立与断裂的现代决策组织。因为，智库一方面不断地凝聚和反映民众的意愿，对多元主义的诉求回应，另一方面又在一定程度上可以作为一种独立的精英型政治力量，产生科学化的议题主张，一定程度上能够影响和改变决策格局，具备了多元主义议题汇聚的基础形式。同时，智库又是知识精英的集合，知识精英的科学决策代表了精英主义决策的形式。因此，智库处于精英主义与多元主义的交汇点位置，把自下而上的多元主义决策路向与自上而下的精英主义决策路向贯通起来，弥合了二者之间的裂痕。在西方社会，政府的立法、行政和司法三个分支之间的分权与各级政府（比如联邦政府与次级政府）之间存在的相对独立的政治空间为公民与专家团体发挥政治影响提供了现实的可能性。公民更容易接受独立的专家精英的倾向，因此喜欢依靠利益集团而不是政党或者政府表达政治利益，支持其表达的政策与政治主张。通过对照回顾智库实际的发展脉络，在整个19世纪以及20世纪初出现的研究机构，基本上是由社会的知识精英所组成的，这些“说着科学话语，站在精英与公众之间，代表着一定团体的政治利益，但又不被政治控制”① 的知识精英，逐渐成为塑造当代社会政治管制与政策话语的重要参与者。

二、智库的演进与发展阶段

在古代社会存在着不同程度的智库萌芽，但是实质上从20世纪中后期开

① Frank Fischer, *Citizen Experts and Environment*, Duke University Press, 2000, p. 25.

始，智库才真正进入了发展的黄金年代。一般而言，智库组织的出现是现代社会的政治决策机制发展到一定阶段的产物。而智库在现代社会决策过程中的地位认知与组织繁荣实质上也呈现了西方政治社会的历史推进与社会演进轨迹。我们可以根据智库发展的速率与影响力的不同历时性特征，将其在近代一百多年的发展划分为四个不同特点的演进阶段。

第一个阶段是智库在现代的萌发阶段，这个时期跨度为自 19 世纪初叶到 19 世纪末近百年的时间。这个时期智库的出现，从根本上说是由于对资本主义社会推进过程中经济、社会变化的回应，尤其是城市化、工业化和经济增长等资本主义发展变化具体表象的探索。据西方一些学者的研究，在 19 世纪的欧美社会中就已经存在了近代的智库模型。最早的案例是美国的富兰克林研究所（The Franklin Institute）。该研究所成立于 1828 年，其原初目的是纪念美国前总统本杰明·富兰克林（Benjamin Franklin），以提升其发明的应用程度与延续其政治影响力。在同一时期的欧洲，也出现了相似的智库形式。例如，在 1831 年成立的英国皇家联合服务研究所，该研究所将自身研究范围设定为关注安全与国防议题领域，定位为政府提供安全与防卫领域的决策咨询服务的独立智库机构。此外，成立于 1884 年的英国著名社会主义派别——费边社（Fabian Society）也被看作是在英国出现相对较早的政治智库，费边社不仅参与和促进了英国工党的初创与建立，而且其所倡导的民主社会主义思想在之后成为英国工党的指导思想，并在一定程度上对后来英国前首相布莱尔与德国总理施罗德共同提出的“第三条道路”战略产生了影响。

进入 20 世纪，尤其是 20 世纪初的几十年中，是智库的总体数量迅速增加的阶段，也是智库发展的“稳速前进”时代（1900—1945 年）。从智库整体的发展走向看，这个时期是智库集中走向繁荣的时代，同时也是智库发展历史上具有历史决定意义的时期。1907 年，罗素塞奇基金会（Russell Sage Foundation）在美国成立，之后不久，美国布鲁斯金学会（The Brookings Institution）在 1916 年，胡佛研究院（Hoover Institution）与二十世纪基金会（The Twentieth Century

Foundation）在1919年相继成立，[1] 这些智库到目前为止还对美国社会发挥着重要的政治影响。尤其是1946年兰德公司（RAND）的成立，更是在智库发展史上具有里程碑意义。在其后的历史发展过程中包括布鲁金斯学会与兰德公司在内的智库深刻地影响与塑造了美国的国家政策与政治发展。美国也因为智库提供了良好的发展外部环境成为智库领域的领跑员。可以确定的是，在这个时期在西方大学与科研机构的迅速发展，与精英教育社会影响的彰显，为智库的成长提供了潜在的智力基础。比如在美国，哈佛大学、约翰·霍普金斯大学、芝加哥大学等高校都是在这个时代发展起来的，因此，高校与智库在人员与知识层面的双向联动，潜在地推动了智库的发展与影响。

从第二次世界大战之后到苏联解体漫长的40年期间，尤其是战后两大阵营的冷战时期，智库无论是从绝对数量变化的层面还是研究领域深度层面都发生了非常显著的变化与提升，这个阶段是智库发展的“提速”阶段。据统计，1970年之后全球新成立的智库数量占目前世界智库总量的三分之二。[2] 从客观因素而言，两大阵营的对立形势实质上是这一时期智库的发展的潜在推动因素。由于相对封闭的信息获取与分析渠道，凸现了智库作为信息咨询机构的属性，因此各国对智库的需求也与日俱增。而智库恰好迎合了这种现实需求，能够满足政府对时代的安全战略与第三世界国家等层面议题的讨论需要。不仅在美国，欧洲的智库发展实际上也经历了巨大的飞跃，出现了智库组织并逐渐开始发挥影响力。比如，1953年，奥地利成立了社会政治与社会改革研究所[3]，这一时期的智库研究方法凸显了其擅长统计学技术与建构经济模型的特质。不过，还有一个令人注目的趋势是，由于新社会运动的影响，社会议题智库开始在数量上超过外交议题的智库。

自20世纪80年代开始至今是智库发展的第四个阶段，这个阶段智库正在经历自身的成熟与在世界范围分布的空间扩展过程。智库在这个时期的发展呈

---

① Donald E. Abelson, *Do Think Tanks Matter?: Assessing the Impact of Public Policy Institutes*, McGill-Queen's Press, 2002, p. 22.

② James G. McGann, *Global Think Tanks: Networks and Governance*, Routledge, 2011, p. 7.

③ Frank Fischer, Gerald J. Miller, *Handbook of Public Policy Analysis: Theory, Politics, and Methods, December* 21, CRC Press, 2006, p. 150.

现出研究议题领域与研究空间两个层面的变化。一方面，从研究议题领域来看，由于政治议题的高度分化，智库也开启了从综合性议题向专业化议题转向的趋势。比如，关注教育公平、女性权力和地位、环境保护等议题智库也是在这个时期形成的。[①] 另一方面，从智库扩散的地域特点来看，智库的分布版图呈现出从欧美向其他地域，特别是亚洲和拉丁美洲等新型工业化国家或后发工业化国家扩散的趋势。苏联解体后，东欧智库也经历了议题模式的转型，开始更多地探讨在后共产主义国家体制下政策影响的作用发挥。[②]

第二节　智库的一般性理论与现实多样性

一、智库的意涵及其争论

智库研究起源于国外，系统化的智库研究至今也不过有着四十多年的研究历史，因而智库本身还依然是一个没有定论且仍处于不断发展和变动中的概念。西方学界对智库进行综合性概念界定的研究者最早可以追溯到哈罗德·奥尔良（Harold Orlans），他在 1972 年写的《非政府研究机构：其起源、运行、问题与前景》（*The Non-Profit Research Institute*：*Its Origins*，*Operations*，*Problems and Prospects*）中重点观察“二战”后成立的那些与防卫相关的非政府组织中的专业研究机构，虽然还没有明确提出智库的专业称谓，但是实际上对智库进行了初步的内涵界定。哈罗德·奥尔良认为，智库是“独立的，或者大多数时间合作性的，将每年的年度预算用以研发科技或者自然或者社会科学、工程、人类学或者专业其他性研究的非学位授予机构。”[③] 在奥尔良这里，首次

---

① Frank Fischer，Gerald J. Miller，*Handbook of Public Policy Analysis*：*Theory*，*Politics*，*and Methods*，*December* 21，CRC Press，2006，p. 150.

② James G. McGann，R. Kent Weaver，*Think Tanks and Civil Societies*：*Catalysts for Ideas and Action*，Transaction Publishers，2000，p. 237

③ Harold Orlans，*The Nonprofit Research Institute*：*Its Origins*，*Operations*，*Problems and Prospects*，New York：McGraw-Hill，1972，p. 3.

将智库这种研究组织的独立性特性与非纯科研面向的研究倾向明确地进行了界定与表述。

实际上是美国的自由学者和评论人保罗·迪克森（Paul Dickson）最先以“智库”为题立著，并对智库进行了较为精确学术定义的。他认为智库是“进行政策研究，或者是进行为决策制定者提供政策的思路、分析、或者替代性选择研究的（机构或者组织）”[①]。他从对知识的运用路径角度对智库的概念特点进行了界定，认为相较于知识的创造者而言，智库其实更接近于新知识和新发现的中介机构。从此，这种对智库理解观点被普遍的接受。以色列政策科学研究学者叶海卡·德罗尔（Yehezkel Dror）在其研究中将智库形象地界定为“权力与知识之间的一座桥梁”。他指出，智库作为公共政策研究机构，必须具备以下六种独立的特征：1. 目标定位（mission）；2. 临界点（critical mass）；3. 研究方法（research methods）；4. 研究自由（research freedom）；5. 用户依赖（clientele-dependacy）；6. 产出与影响（outputs and impacts）。[②] 他认为，作为面向政府政策的智库，其关注重点应该在于基于多种学科知识和理论基础上，对政策制定较为理性科学的、客观严谨的政策或者议题贡献。而唐纳德·E. 埃布尔森（Donald E. Abelson）在其所著的《智库能发挥作用吗?：公共政策研究机构影响力之评估》（*Do Think Tanks Matter?: Assessing the Impact of Public Policy Institutes*）中指出，智库这一术语应该“只用来描述那些大型的资助良好、高素质人才研究批判的政治、社会或者经济议题的机构。”[③]

随着历史的推移，智库作为政策咨询组织被广泛认知，其内涵的讨论与研究也在一定意义上被继续深化与推进。斯通指出，在当代学术领域，随着智库涉及的议题日益广泛，其已然成为了一个非常松散的概念。智库这个名词已经被比较宽泛地应用到各种进行政策相关的技术或者科学研究与分析的机构上。麦克甘则认为应该从宏观与微观两重维度对智库分别进行定义。在最宏观的意

---

① Paul Dickson, *Think Tanks*, New York: Atheneum, 1971, p. 28.

② Yehezkel Dror, “Think Tanks: A New Invention in Government”, in Carol H. Weiss and Allen H. Barton (ed.), *Making Bureaucracies Work*, Beverly Hills: Sage, 1980, pp. 139 – 152.

③ Donald E. Abelson, *Do Think Tanks Matter?: Assessing the Impact of Public Policy Institutes*, McGill-Queen's University Press, 2002, p. 8.

义上，智库是一切提供政策研究咨询与建议的机构，这样就尽可能多地囊括了包括部分利益集团和政府内部咨询机构性质的智库。而在最狭义的意义上，麦克甘认为智库则是“具有显著的自主性，产出并影响决策者和公众国内外事务相关分析、建议的公共政策倾向的研究机构。”①

通过上文的讨论可以发现，智库的概念一直处在不断的讨论、推进和理论塑造中，直到现在其依然还是一个充满争议的概念。但是从西方学术界对智库的热烈多样的讨论中，我们可以归纳深植其中的共同认知，也就是智库的基本特性。大致来说，智库共同具有的三个基本特质：相对独立性、科学性与政策性。一个社会组织如果能够界定为智库，就必须是具备了以上三种属性的政策研究组织。具体来看，第一，所谓智库的相对独立性，是指智库是与政府的决策部门等在组织性质、人员结构和运行的具体方式上是完全不同的。智库是相对独立于政府和其他政治组织，因而可以在一定程度上发表相对独立的观点和建议。这也是智库区分于政府政策研究机构的一个特质。不过在另一方面也需要认识到，智库却又是政府和政治组织在现代政治生活中不可失去的辅杖，智库人才向政府的输出流动也是常见的现象。第二，即智库的科学性特征。这意味着智库所代表的决策是依赖于知识论证和技术验证的科学化决策思维方式表征，科学性既意味着智库的研究成果的内容特质的科学性，也意味着智库研究和成果产出的程序是科学的。也正是在这个意义上，智库是不同于一般意义上民众权益和诉求的自发表达的。第三，是智库的政策指向性。这个特性是把智库与一般的学术研究定位的研究机构相区别的一个根本特质。相对于对学术影响的追求而言，智库的定位更多是追求一种政策性影响的实现。

二、智库的现实多样性

尽管从智库的近代发展轨迹来看，其遵循了一种相对线性的前进路径，但是由于所关注的政治议题特点与智库自身组织结构与政治位置的不同，智库内部的具体形态层面也出现了差异与分化。智库游走在作为科学知识生产

① James G. McGann, *Global Think Tanks: Networks and Governance*, Routledge, 2011, p. 17.

者的学术研究机构与政策产出的决策机关二者的交界地带，其弥合了知识与权力之间的断裂与裂缝，联结与缩短了知识和政策之间的隐形距离和鸿沟，实际上也模糊了二者之间内在的边界。美国乔治敦大学教授，同时也是布鲁金斯学会资深研究员的肯特·韦佛（Kent Weaver）最早把智库的宏观画卷进行了具体类分的尝试。他非常重视智库作为独立性科研组织的特质，在这个前提之下，他在《变化世界的智库》（*The Changing World of Think Tanks*）一书中对智库的组织结构、产品线产出以及市场策略进行比较分析，认为智库基本上遵循了三种基本组织模式的其中一种：没有学生的大学，项目研究型智库以及倡议型智库。他将没有学生的大学描述为更多依靠对学术研究和私人部门的资助，而更重视与关注学术著作编纂与学术文章创新的学术机构或者科研组织。学术型智库由于更多的是得到基金会、公司或者个人的资助，因而倾向于遵从自下而上的影响路径而塑造和影响政治决策。在韦佛看来，这类智库一般"关注更为长远的政治目标，试图改变权力精英的政治信念"[①]；项目研究型智库和没有学生大学智库一样，特别重视可行性的学术研究，非常强调运用正统的社会科学研究方法，也同样因为客观中立的研究立场，能够有效地从外部影响决策者的决策过程而广泛地收获政治声誉与政治影响。但是，与"没有学生的"大学智库相比，韦佛认为项目型研究智库在资助来源、研究议程侧重与研究结果的产出方面有着显著的差别。比如，项目型智库资助来源主要来自于代理机构，其议题来源更多的不是根据自身研究兴趣而是根据项目优先资助的研究项目而确定。根据韦佛的界分，第三种类型智库是倡议型智库，他认为"虽然没有学生的大学智库和项目型智库是20世纪70年代到80年代主流的智库类型，但是在80年代之后倡议型智库开始取代了它们的地位，走到了舞台的中央"。[②] 特别是韦佛从倡导型智库表现出的议题取向与政策偏好的视角进行观察并分析指出，事实上倡导型智库非常鲜明的带有其所支持的党派意识形态色彩，它们实质上成为政策、党派和政治意识形

---

① Kent Weaver, "The Changing World of Think Tanks", *Political Science and Politics*, Vol. 22, No. 3, September 1989, p. 564.

② Kent Weaver, "The Changing World of Think Tanks", *Political Science and Politics*, Vol. 22, No. 3, September 1989, p. 564.

态与商业性关系的综合体。为了更加迎合决策者的需求或者“品味”，而不断减弱自身的学术特色。韦佛对智库的分类理论是目前学术界比较主流的分类版本。一方面，他的这一描述框架虽然不能完美地区分不同的智库形式，不过却为理解和阐释智库的多样形态提供了一个逻辑明确同时也边界清晰的观察视角。

根据智库的具体发展轨迹与特点，一些学者在参照与吸收韦佛对智库形态的经典分类版本基础上又进行了创新。比如麦克甘在此基础上把三个层面划分进一步拓展为四个层面（如表1-1中所展示）。他认为，根据智库的运行模式、组织方式、科研独立性等方面的差别分为学术型智库、项目研究、倡导型智库和政党型智库。麦克甘认为任何一个智库可以是以上四种模式的一种或者多种形式的混合。①

表1-1　各类智库的特点对比一览表

智库类型	主要特点				次级形态	机构情况	个案案例
	组织	经费	议题设定	产品与生产方式			
学术型智库（没有学生的大学）	注重较强学术背景的人员与共同的方法论	主要为基金会、企业以及个人	主要是研究人员基金会设定	学术专著或学术论文等客观无党派的研究成果	精英政策俱乐部；专业化的学术智库	支撑非党派的文化基础	布鲁斯金学会；国际经济组织
项目型智库	关注研究人员的学术功底共同的意识形态和客观、非党派的研究	主要为政府部门	主要为项目机构设立	面向政府部门或其他客户的中立无党派报告	专业化的项目智库	可获得政府政策研究的支持	美国城市学院

① James G. McGann, *Global Think Tanks: Networks and Governance*, Routledge, 2011, p. 19.

（续表）

智库类型	主要特点				次级形态	机构情况	个案案例
倡议型智库	关注研究人员政治或者哲学、意识形态背景	主要是基金会、企业和个人	主要是组织组织负责任	专门针对当前特点议题的简明文章	专业化的倡议型智库	可获得基金会和集团支持	英国政策研究中心
政党型智库	关注政党成员和政党忠诚度	主要为政党和政府资助	与政党议题紧密相关	多种形式		可获得政府对政党研究基金的支持	德国基督教民主联盟党康拉德·阿登纳基金会

资料来源：James G. McGann，Global Think Tanks：Networks and Governance。

笔者认为，可以利用麦克甘的这种四分法框架对所有的智库进行一种归类。具体来看，如果将学术水平与政策导向作为测定指标与评价因素置于数轴的原点的左右两端，可以将四种不同类型的智库按照这两种变量因素呈现的强度依次地放置其中。首先，学术型智库是带有强烈学院派特点的政策导向性研究机构，这种类型的智库最看重理性知识，也对社会科学方法最为强调，因而在研究成果上就是以学术著作为主要的成果展现形式，但是也正是由于其研究所具有的学院派风格，所以便处于距离政治导向向度最远而十分靠近学术倾向端点的位置，表现在具体的次级形态上，学术型智库常常以知识精英俱乐部的形式出现。其次，项目型智库，虽然同样也非常关注内部成员的学术涵养与科研基础，但是相对于学术型智库而言，由于项目资助与议题选择大多来源于政府部门，因而其研究成果的政策导向意味与色彩也就更为浓重。第三种智库模式是倡导型智库的资助来源相对比较多元，不过倡导型智库的组成人员通常拥有相似的政治背景与政策议题倾向。而作为外在表现的研究成果一般是以带有一定政策导向的倡议型的政策报告形式展现，所以其政策倾向表现也更为显著。第四种智库，即政党型智库，作为这个轴线上最靠近政策倾向一端的智库，主要受资于政府和相关政党，因而密切关注政党的政策指向与国家生活的政治动向，根据政党的现实任务展示包括报告、研究著作等多样化的研究成果，政党型智库尤其在德国的政治生活中表现最为明显。不过正如麦克甘所言，四种智库的分型模式其实并不能完全概括所有的智库类型。事实上，有很多智库并不能完全归类为上述其中的某一个智库，而是某几个的次级形态的结合。因此这个模式只能尽可能大概地呈现出不同智库的不同特点。

第三节　智库影响政策的机制与路径

一般而言，智库通过具针对性的政治议题的学术研究与策略分析在当代政治生活中成为桥接知识与权力，沟通理论与政策的有效社会组织与思想动员渠道。智库的这种“渠道”或者“桥梁”功能其实是一种政策影响路径，可以至少进一步从以下两种维度深入解读：第一个维度在于，智库以科学完备的知识储备与缜密细致的学理论证将科学话语与现实问题紧密地融合起来，用相对客观化、系统化与科学化的理论对现实问题进行剖析、梳理和概括提炼，展现科学理论对现实问题的解释力和穿透力；而在另一方面又将这种知识与现实的具体结合通过广泛的群众动员、社会舆论塑造以及对权力中心主体全方位的政治游说等媒介进一步升级为真正意义上的政治议题。简而言之，智库把现实穿透力的知识储备整合为政治思想资源，从而参与、贯穿甚至影响了政治议题的确定、塑造以及最终化解等几乎完整的政治活动，实际上成为了政府这部核心机器不可或缺的外部“扩展设备”。

经过在政治议题实践的历练和锻造，智库在历史发展进程中实质上也逐渐树立其担当着“权力与知识的中介”经典形象。不过在另一方面，这个对其形象的经典性概括其实在一定意义上对智库影响逻辑进行了一种潜在性的条件设定。尽管如此，智库对政策的实际影响程度仍然是非常复杂与难以精确界定的问题。这不仅是因为“影响力”的概念本身需要非常量化分析的指标属性这一特点，而且是由于在理论表述层面存在着极大的难度。实际上还取决于智库自身双重叠加的定位这个特殊矛盾：一方面，从运行模式的角度而观，智库本质上是与专业的政治组织不同的，其一直作为独立性的研究机构在与政府或者政治权力集团之间保持着合适的相对距离；而在另一方面，从其在政治权力与科学研究之间沟通链接的功能向度进行思考发现，智库又是一种起着“黏合剂”的作用的中介性质机构，也就不得不在科学领域与政治权力领域的交界地带循环周转。

根据对决策过程与决策主体之间地位关系分别考察，我们可以将智库参与和影响决策制定的机制过程从两条同时存在又相互交叉的逻辑进行解读：一般而言，对智库的影响力考察往往是根据其对政策的具体环节影响程度作为主要指标。也就是第一重逻辑，重于对智库从决策制定的具体过程作为内在线索与逻辑起点处罚进行分析与诠释。比如美国学者詹姆斯·E. 安德森（James E. Anderson）对智库的议题建议从倡导提出到执行监督的全过程的经验性观察，并在这个基础上进行了理论的综合。他认为，一个决策制定的完整过程其实包括了议题设定、政策论证到政策选择、政策应用，乃至政策的监督等具体环节①。因为，从政策决策的不同环节来看，智库实际上是能够自始至终地参与决策全部过程的组织。具体地看，在议题的设定阶段，尤其是在决策风险较大的议题领域，智库往往能够率先发现并且提出公众关心的政策议题，在政策论证阶段智库的作用表现更为明显，具备专业知识的智库的政策研究可以为政府的决策注入合法性和持续性的动力；而在政策选择与应用阶段，智库可以通过带有引导性的专业分析进行大众动员，影响决策者和民众的选择偏好；在政策执行后的阶段，智库仍然能够发挥一种监督功能，其又转型成为与非政府组织一样的独立第三方机构，对政策在执行过程中出现的问题及时反馈，从而影响和改变政策的发展趋向。

智库的这种在决策进程中具体的环节性的作用是不可否认的，但是鉴于国家在决策过程中的情况是多重力量发挥合力的复杂作用②，对影响力的考察还需要把尽可能多的变量考虑在内。结合不同智库在决策体系内的实时位置与所具体选择的影响策略，其实就有了另外一种影响力的分析逻辑，具体而言，这种逻辑的前提假设认为在政策的决策过程中，存在着处于不同的影响位置或者

① James E. Anderson, *Public Policymaking*, Wadsworth Publishing, 2010, p. 4.

② Diane Stone, Andrew Denham, *Think Tank Traditions: Policy Analysis Across Nations*, Manchester University Press, 2006, p. 71.

“圈层”主体的互动影响。处在不同位置的不同类型智库影响环节对政策的影响过程因而也是不尽相同的。毋庸置疑，处于决策体系中心位置的是直接决策者，具有决策最终的选择与执行权力。但是决策者为了保证决策的科学化，会将部分的权力分配或者让渡给政治决策体系中的其他专业成员，即拥有次级权力的决策核心集团。这二者构成了权力中心区域。与此相对的权力外围就是包含了社会大众、社会组织以及大众传媒外部区域。这样就构筑了一个双环模型。智库的位置则大概处在介于权力中心与外围之间的过渡区域，其既可以自如地从大众传媒与民众圈层内了解与获取民情，相比民众的权力地位而言又更接近于权力中心地带，能够有机会与权力阶层直接对话，甚至可以通过进入权力中心体系，直接影响权力精英的决策。在这个意义上，智库由于能够在不同圈层自由流动而影响决策，成为自上而下与自下而上两种不同决策向度的沟通的结点。然而，不同类型的智库由于天然地在相对位置上有所不同，也直接导致了最终产生的不同影响效应。距离权力中心较近的政党型智库与倡导型智库，有更多机会影响政治权力精英而影响决策。而科研型智库与项目型智库相对距离较远，影响力也相对较弱。不过在这样的动态体系中，智库的相对位置也会发生变化。比如，非常典型的对比就表现在当政党型智库所依靠政党丧失权力地位的时候，其影响力会被大大削弱，而当科研型智库或者项目型智库所依靠的领导精英进入政治权力中心之后，其影响力则会大为提升。

当然，这种智库地位变化而造成的影响效应实际上也可以借助政治机会结构（political opportunity structure）理论进行诠释和理解。政治机会结构本来是在分析社会运动中对政府政策推动力和影响力的一个非常有效的理论工具与解释框架。学者们对政治机会结构所包含的变量争论比较多，目前还未达成一致的认知。美国学者彼得·艾辛格（Peter Eisinger）在对美国20世纪60年代种族和贫困议题的研究中发现，在那些政治制度的包容性更强的地区，相关的政策更有可能实现，提出了这个政治机会结构的概念①。而后来的学者又对这个概念进行了进一步的分区。比如，基舍尔将政治机会结构分为“政治输入结

① Peter Eisinger, “The Conditions of Protest Behavior in American Cities”, *American Political Science Review*, 1973（81）, pp. 11 –28.

构”与“政治输出结构”两个维度[1]。前者是指政治体制的开放程度，后者则是反映了政府对政策的实际推行能力。这两个维度实际上是从外部环境和内部环境两个层面进行的分析。事实上，绿色智库作为环境新社会运动中形成的政策咨询组织，其影响力的分析用政治机会结果理论也是具有解释力的。这是因为：一方面，与社会运动一样，智库的成果或者产品如果要实现对决策主体的影响也受制于一系列外部性因素的限制，智库也需要依赖这些相关外在因素提供一种支持力或者优化的环境效应。而另一方面，智库本身的产品或者成果自身的取向或者特点作为产品本身竞争力的重要方面，具有足够公众影响力的智库产品能够有助于政府政策的推行效果，实际上也是“政治输出结构”的一个维度。

在一定意义上可以说，无论是自上而下还是自下而上的影响路径，智库不断摸索的影响战略根本上就是为了获得有利于政策输出的优质外部环境。智库如何能获得这种优质的外部政策环境呢？实际上就需要塑造和培育高效的政策研究精英团队，打造和树立自身政策产品的品牌特色，拓宽和疏通政策产品的政治与公众输出渠道，以及推广和开拓国际化的战略等具体的举措。

① 朱海忠：《西方“政治机会结构”理论述评》，载《国外社会科学》，2011年第6期。

第二章　绿色智库的演进、意涵与主要特征

从上文的分析我们可以发现，那些智库能够产生与发挥重要政策影响和现实作用的领域，往往是对智库体系框架内知识精英成员专业知识或者方法、技术和手段存在更大需求的议题领域。与军事、外交等传统性的政治议题相比而言，环境问题的解决实际上更依赖于这些专业知识丰富、技术理论精深的专家精英所提供的专业思考与独特见解。因此聚焦环境议题，并且在环境政策的议题提出、形成与论证的过程中发挥重要作用的绿色智库事实上扮演了一种什么样的角色，是一个值得探讨的问题。

第一节　绿色智库的发展流变：内涵特征、生成历程和发展阶段

绿色智库是指那些能够产出和供给聚焦生态环境保护问题的智库决策产品的专业性智库研究机构。与其他智库类型不同，绿色智库的鲜明特质表现为：在价值取向上的绿色色彩、在理论构建上的生态学基础以及在政策指向上的环保诉求等维度。本文主要对绿色智库的概念特征、生成历程和发展阶段三个方面进行深入分析，从而呈现绿色智库的发展图景。

一、绿色智库的基本内涵与主要特征

绿色智库作为一种关注特殊议题的专业智库，也是智库联结知识、民众与决策者最为有效的一种智库类型，因而对绿色智库的内在结构分型和功能发挥机制进行研究非常重要。但是国内外学界已有的研究却鲜少可见。

在国内较早地对绿色智库的基本概念进行总体性归纳的是郇庆治教授，在他看来，"'绿库'是指一个较为制度化的实体机构，通过一种综合性的内容涉指对生态环境难题的理解与应对提出独创性的科学见解和政策建议。"① 这是从绿色智库的论域和组织特性层面对绿色智库概念的探索。不过尽管如此，当前学术界对绿色智库的界定依然相对比较模糊，还没有形成一种主流的统一认知。因此这仍然是本书亟待解决的前提性议题。

需要强调的是，从现有的绿色智库形态而观，由于绿色智库是关注绿色议题的智库模式，其自然就内在地汇合了理性主义的智库决策方式与环境议题的绿色议题取向两种不同的"基因"：来自智库的理性主义成分使绿色智库作为外在于政府的自治性政策咨询与理论研究机构，最大化地使环境理论与环境现实之间互相契合，能够为政策制定者提供符合其理性选择标准的、"接地气"的解决方案；而在另一方面，由于继承了生态主义环境保护的价值取向，绿色智库绿色血液，始终保持对环境议题的强烈关注。从控制碳排放到能源转型，从绿色经济到环保税收与立法，绿色智库基本涉足了环境政策的每个细节和方面。

因此，对其概念的归纳就内在地需要从智库的概念和绿色环境议题两个不同的视域维度作为逻辑切入点进行考察，或者可以说，绿色智库就是兼容了绿色议题和智库组织运行模式两种元素特点的合集。具体来看，绿色智库（Green Think Tanks），从词源学可以解构为三个具体层次，也是绿色智库的主要特质集中表征的三个方面：其一，也就是"绿色"特质，绿色议题或者绿色话语，这是对绿色智库的所限定的话语范围，环境关注、自然关照以及生态关怀是绿色智库具有的独特属性；其二，也就是"智囊"特质，绿色智库更是

① 郇庆治：《环境社会治理与"国家绿库"建设》，载《南京林业大学学报》，2014年第4期。

以一种智识机构的形式存在的，而不仅仅是依赖于传统、具体的环境保护活动的组织，绿色智库资政建言、建设性的生态和环境话语引导决策者政策的优化与改变；其三，是绿色智库的“库存”特质，绿色智库提供的不仅是一种智慧策略，更是一种具有丰富性、多元化的环境政策选择空间。具体而言，绿色智库的特征也与这三个要素有着直接的关联：

首先，绿色智库最重要的特质是其议题研究是带着“绿色”倾向或者色彩的，也就是应该具有环境或者生态议题属性和问题关怀的。也即是说，绿色智库的关注重点或者研究论域应该是部分带有“绿色”色彩的机构或者组织。绿色智库这种议题上带有的绿色特质并不意味着绿色智库是那些只局限于环境或者生态议题领域研究的智库。这是由于两方面的原因：一方面，是由于当代社会科学和社会议题发展的日益分化而又相互交融的复杂境况，我们很难将任何一个智库限定在于某一议题的研究中；第二个层面是因为环境问题的产生，事实上是一个与政治、经济甚至社会及思想文化之间是一个非常密切联系的过程，所以环境议题的讨论，环境政策的塑造都不可能是独立的。从目前绿色智库的发展态势来看，为了对绿色智库的总体样本进行有效的分析，依然需要尽可能多的集中和扩大具备代表性的绿色智库数量和范围。而当下的综合性智库依然在绿色议题上发挥着重要的话语影响力和政策转化效果，因此，也不应该将这类智库排除在绿色智库的范围之外。绿色智库的议题研究和分析的主要面向或者最终归宿应该为环境议题向环境政策的成功转化。智库的生命力和历史使命的实现就在于将环境议题的研究推动和转换为具有现实性意义的政治话语甚至是既存化的具体环境政策。或者说，如果不能有效推动现存政策的改变，也就失去了其绿色的光彩。因此，不同于某些旨在推广环保意识的环保团体，绿色智库虽然也会重视绿色意识的塑造工作，但是其根本目的和宗旨则是在于通过塑造大众的生态环境意识从而推动环境政策的实质进展。

其次，绿色智库提供的产品的特点在于是一种面向环境议题的知识获取和信息分析的智力成果，或是在科学知识与信息分析基础上得出的一种绿色的认知模式以及观察视角。几乎每个决策主体都会或多或少的对有关于人与自然之间关系，或者从政治政策的角度而言，对于绿色议题有自己的观点和看法。不过这种观点和看法有可能是非理性的，或者是基于虚假的认知或者情绪化理解的，或者是基于自身的利益，甚至是会与大众的利益相悖的。因而，绿色智库提供的这种面向政策的环境政策建议，既能避免决策主体自身的狭隘视域与公众利益之间的断裂与对立，又能为决策者的决策提供一些经过较为科学的论证的议题，提升政府环境决策的合法性程度。绿色智库必须是一种知识化决策的组织化身。

再次，绿色智库所提供的产品成果应该是具有丰富的多样性形式的、选题具有广泛和全面性特点，整体呈现一种存量丰富的“库存”状态。正如前面所述，绿色智库的存在价值和特质正是在于其能为决策者提供全面的信息和知识体系，或者提供一种被忽视的观察路向和思考方法。与此相对应，如果没有丰富性和多样性的议题选择，绿色智库的这种现实价值便无法真正实现。由于人类工业化进程的不断推进，现代科技以及其他生产工具的发展程度的加深，环境问题的表现方式开始变得复杂且多元化，从生物多样性减少到空气和水污染问题，再到清洁能源以及核能的使用议题，甚至还有转基因技术带来的问题等等。与此同时，绿色议题或者环境议题又正在以一种前所未有的关注程度受到公众和政治社会的重视，公众对于能针对性解决环境问题的期望在急剧增加而不是减弱。在这个意义上，绿色智库应该是可以为决策主体尽可能提供全方位的环境应对方案的智库组织。

最后，也是最不能忽视的一个观察视角，就是绿色智库的理论取向与价值立场问题。一方面，绿色智库是在组织上相对独立于政府部门等决策主体的，而在另一方面又与官方决策机构保持着无法割断的联系。根据前一章中对智库的内涵外延和特点的介绍，我们得到的基本认知是，智库首先不是政府的附属部门，而是独立于政府的非营利性科研机构或者咨询组织。因而我们可以确定，绿色智库是能够在事实上推动环境政策的组织，在现实上又是非常广泛的。从和政府机关的相对关系的意义上而言，绿色智库不同于政府等权威机关的环境政策制定部门，是独立于正式和官方环境系统机制的环境机构。然而，其又不是完全地隔离于官方机构，而是与其通过复杂的社会关系网络保持和维系着微妙的社会联系。绿色智库是衔接环境权力机关和环境研究的中介性组织，是环境知识与环境权力之间的桥梁，因而其既能以独立的立场影响政策的变化，又能以敏锐的绿色政治视角和与环境政策无缝衔接的议题主张获取向现实政策转化的政治影响。可以推断的是，多样化的绿色智库在取得的环境政策转化效果上会是不尽一致的。这与内在地也存在着所依赖的不同倾向生态理论，以及生态理论倾向所根植的生态价值取向有着根本性关系。

通过以上的分析，我们可以明确的是，绿色智库的共同特质是研究聚焦生态环境议题、独立于政府等官方部门，面向环境政策议题的智库形式。因此，本书认为，可以将绿色智库界定为是那些相对独立于政府环境部门以及政府的其他权力机关，以生态、环境等相关议题为重点或者专门的研究领域，以影响、推动、形成、反馈于监督环境政策为研究价值导向与核心竞争力评价指标的信息咨询或政策研究机构。[①] 这个概念基本上从绿色智库的组织性质、议题领域、运行轨迹等层面较为全面地涵盖和囊括了当下绿色智库的基本特质。

二、绿色智库的生成：历史与现实的逻辑交融

20 世纪五六十年代是绿色智库逐渐从智库团体中专业化并且独立出来产生影响的时期。对人类而言，这一时期既是经历过“二战”的破坏之后的重建时代，同时也是战后对人类发展模式与路径全面反思的时代。之所以做出这样的判断实际上是来自两个方面的考虑，一是“二战”后各国之间的经济军事实力再次出现了分化和重组，实力对比的不平衡甚至可以认为存在巨大反差，在改变国家地位的迫切愿景的驱使下各国对经济发展的需求急剧上升。另一个方面则是，“二战”以及西方工业革命所带来的核灾难和环境破坏效应也开始集中凸显，对核武器危害的反省，以及现代科技对自然环境的消极影响的反思，使人们越来越感受和认识到现代性或者工业主义无序发展对生态环境造成的负面后果，比如环境污染、核灾难以及人权等其他社会问题的危害性显得渐趋严重。在这种生态危机气氛弥漫的社会话语空间下，关注生态环境的绿色意识逐渐再次觉醒。生态意识的逐渐生成与觉醒，并不意味着环境问题能够迅速得到彻底的解决，而是在客观上使环境问题获得了更广泛的社会关注。环境议题逐渐成为并且直到当前都是全球性普遍关注的问题。

---

① 郁庆治：《环境社会治理与“国家绿库”建设》，载《南京林业大学学报》，2014 年第 4 期。

（一）生态意识觉醒与环境新社会运动潮流的影响推动

绿色智库的产生和发展的整个过程离不开生态意识的内部贯穿与不断推动，也无法脱离西方环境新社会运动的宏大历史背景。而生态意识与环境新社会运动之间也是互生共荣的关系。绿色智库不仅是生态意识持续汇聚到一定阶段的产物，也是现代培育与塑造绿色意识的摇篮。而所谓生态意识，是指“人们对生态环境问题的重要性和迫切性的认识或觉悟。”[①] 在新社会运动的开端，已经有部分较早意识到环境问题严重性的人们产生了生态意识的再次觉醒。直接动因就是在20世纪30—60年代之间集中爆发，并被铭刻到人类历史的著名的“八大公害”事件。[②] 这些事件都是由于环境污染所导致的，造成了很多人身体损害甚至死亡，其严重的后果被广泛报道，引发了社会的恐慌与关注。生态意识也在这个时期逐渐积聚与升华。

作为一种思想形态，生态意识逐渐形成气候，相对应的在具体的社会实践中，这种生态意识集中觉醒最鲜明的表象则是西方社会出现了与以往完全不同的社会运动形式。并且这种社会运动出现了以草根组织形式自下而上地推动运动的不断向前发展的趋势。人们以和平抗议活动为主要运动方式，同时这些运动的主张和诉求不再聚焦在传统的阶级斗争议题等对立性关系，而是有了全新的特点，蕴含着后物质主义的价值观以及反对现代性的特质，因而被称为“新”社会运动。新社会运动涉及的议题领域颇为广泛，包括了从“粉色”的女权主义运动到“绿色”的反核运动、从和平反战运动到“彩色”的同性恋运动等具体领域。布赖恩·达赫蒂（Brian Doherty）指出，虽然议题名目繁多，但是这类运动在根本上一致认同的是一种不同于原有现代主义价值观的后物质主义理念，并且在传统的政治组织之外行动，主张对社会进行彻底地结构性改变[③]。在纷繁多样的新社会运动思潮中，高擎鲜明的“绿色”之旗的环境

---

① 奚广庆：《西方新社会运动初探》，中国人民大学出版社1993年版，第177页。

② 八大公害事件包括：美国的多诺拉烟雾事件，美国洛杉矶化学烟雾事件，英国的伦敦烟雾事件，日本的四日市哮喘事件、熊本县水俣病事件、爱知县米糠油事件、富山痛痛病事件，以及比利时的马斯河谷烟雾事件。

③ Brian Doherty, *Ideas and Actions in the Green Movement*, Routledge Press, 2002, p. 7.

新社会运动潮流不仅贯穿和引领了整个新社会运动的进程，推动了自然和环境话语的塑造与改变，为人类开启了一条审视环境保护与生态平衡的另一种路径，促发了生态意识的启蒙与觉醒，也在事实上揭开了人类环境保护事业的序幕。

一般而言，环境新社会运动通常被认为是独立于传统政治机构的自发性的抗议运动，主要是依靠相对松散的组织结构所支撑和维系的。英国学者克里斯托弗·卢茨（Christopher Lutz）认为，环境运动是一个非常宽泛意义的概念，是一个由公众和组织组成，参与集体行动，以追求环境利益为目的广泛网络。① 或者可以将环境运动视作一种非常松散的、由不同正规化程度的组织以及没有组织归属的个人与团体甚至是政党包括绿党组成的非制度化网络。②

环境新社会运动既从根本上源于一部分人的生态意识觉醒，实质上也从反方向进一步塑造了当代人类社会的生态意识。这是因为，一方面，人们深刻感受到外在环境破坏问题的严重性，和重新审视人与自然之间的关系的必要性与迫切性，另一方面，也使人们由原本对自然界的对抗、抵制转而向自身生活的内观与内省，重新反思并力图摒弃或者改变以往人类自身不科学非理性的生产方式、生活模式以及思维方式。可以说，20 世纪 60 年代，环保运动已经俨然成为了一个群众性的社会运动。尤其是年轻的中产阶级男性和女性，成千上万的启发政治行动主义的文化，成为参与推动环境政策改变的主体。1970 年是这场运动最高涨的一个时间节点，因为 4 月 22 日第一个世界地球日，汇聚了人们对于环境的威胁的关注。

而人们生态意识逐渐觉醒所表现出的环境问题的关注增强，与生态环境困境之间的不同步与不平衡性在一定程度上又进一步激化了人与自然的对立状态：人们对生态与环境问题的关注程度和对自然环境良好发展的要求与呼声在日益增加，而另一方面，生态失衡和环境破坏问题并没有因为对其重视程度的提高而解决。再加上 20 世纪 70 年代，在世界范围内反而又陆续发生了数起严重程度足以载入史册的污染事件。例如 1969 年美国加利福尼亚州南部海岸发

---

① ［英］克里斯托弗·卢茨：《西方环境运动：地方、国家和全球向度》，徐凯译，山东大学出版社 2005 年版，第 2 页。

② 参见郇庆治：《80 年代末以来的西欧环境运动：一种定量分析》，载《欧洲》，2002 年第 6 期。

生的原油泄漏事故，以及1971年日本水俣的汞污染事故等等。[①] 这些环境的污染事件既是人与自然之间矛盾进一步激化的表象，同时又称为环境新社会运动形势进一步高涨的催化剂。特别是在《寂静的春天》《增长的极限》《人口爆炸》等生态与环境保护的宣言性文本的陆续刊布与传播之后，绿色运动潮流将绿色意识以席卷的态势扩散性传播，而环境议题以及环境话语也以极快的速率向外扩散和传播，以前所未有的凝聚力吸引了人们的关注。

在这个意义上，生态意识觉醒一方面是一切担当着全球生态保护和改善动力运动、组织和活动的引领者，在另一方面，生态意识与其所集聚而成的组织形式——环境新社会运动逐渐共同地通过与决策主体的政治对话和公共施压而成为一个环境议题生成平台。[②] 正是在生态意识搭建的这种环境议题对话平台下，绿色智库拥有了生成的适宜环境和滋养土壤。

（二）环境组织的培育与环境议题的需求

环境新社会运动虽然目前已经进入一个相对平稳的时期，但是这场运动的影响还在缓慢发生。因为无论是在地方，国家还是在全球的层次上，环境新社会运动的发展仍然是处于一个“潜在进行中”的阶段和状态。环境新社会运动不仅重新发现和塑造了现代的生态意识或者环境意识，这种运动形式还在另一方面逐渐开始了制度化的步伐，尤其是成就了西方国家绿党以及环境非政府组织的生成与发展。正如安德鲁·詹姆逊（Andrew Jamison）所言，“其（社会运动）实际上是将意识形态性的生态理念逐渐转化和生成为建构性的社会制度组织形态。”[③] 环境新社会运动在事实上也成为塑造与验证绿色智库当代功能的科学实验场。

然而，生态运动的自发性和自觉性也在另一方面致使其更为依赖和诉诸伴随着新社会运动萌生的草根非政府组织。环境新社会运动在孕育与激发了绿色

---

① John McCormick, *The Global Environmental Movement*, London: John Wiley, 1995.

② ［英］克里斯托弗·卢茨：《西方环境运动：地方、国家和全球向度》，徐凯译，山东大学出版社2005年版，第11页。

③ Andrew Jamison, *The Making of Green Knowledge Environmental Politics and Cultural Transformation*, Cambridge University Press, 2001, p. 45.

意识同时，在环境新社会运动的发展变动过程中也很容易找到绿色智库的雏形。或者可以说，是环境新社会运动催生了绿色智库的产生与发展，绿色智库也在一定程度上成就和推动了新社会运动中的生态运动潮流，二者之间是一种双向互动的变化过程与关系。

具体来看，在环境新社会运动作为推动人类社会由工业社会的灰色空间向未来绿色图景回归的运动平台的前提下，绿色智库以及其他环境非政府组织对环境议题走向将产生不同程度的政治动员功能和效应。环境非政府组织在这其中的社会动员作用已被充分挖掘也有颇多研究。在生态社会运动中，多数抗议活动基本都是由草根非政府组织领导、组织、运行以及反馈的。在环境抗议的进程中，这些环境运动组织获得了大量的民众同情与支持，甚至比很多政党都获得了更广泛的信任。

另一方面，当环境新社会运动从一种群众自觉的集体行为逐渐升级为半制度化的环境抗争运动之后，这种越来越显著的现实政策影响力和大众影响，使政府对环境议题的合理回应需求开始渐趋凸显。而现实上，环境议题领域并不是政府所熟悉与擅长的议题领域。当决策者面临这种能够挑战其决策合法性与话语权威性的议题时，往往表现得手足无措，不能有效地对群众诉求予以回应。尤其是生态社会运动的发展趋于成熟，其组织结构制度化达到一定程度并产生绿色政党的时候，形成和推动绿色议题的专家组织的作用在环境新社会运动就需要深度的理解与认识。作为一种对环境运动和环节议题压力的回应和响应，包括绿色政党内部智囊组织的既存化与政治化、制度化，另一方面环境非政府组织以及一些学术组织也逐渐趋向于研究如何影响现实的环境政策。在这种状况下，绿色智库从环境非政府组织等雏形形态中逐渐蜕变与转化，更加专业化并且逐渐开始发挥实际的政策影响。

三、绿色智库发展的阶段划分

作为现代政策产品的产出机构，智库从真正诞生之日起至今也不过经历了一百多年的发展历程。因而，聚焦环境问题及其解决策略的绿色智库，其发展历史也就更为短暂。如前所述，绿色智库的走进政策与政治舞台既是一种历史意义上的机缘巧合，又是多样的纠葛复杂的影响因子之间合力的现实性作用的过程与结果。尤其时代推进到了当下，生态与环境问题的表现形式变得更加多样，环境解决方案的提供更为多元，环境政策话语的表现形式与表达方式也变得更为复杂。绿色智库从智库整体集合门类中独立和分化的历史基本上与绿色议题逐渐走上政治舞台的过程表面上复杂纠结但在本质上是基本一致的。之所以做出这样的判断，从根本上建立在以下两个层面的逻辑或依据：一方面是从智库作为一种独立性的非政府组织形式，其形成和施展作用的背后所蕴含的深层供需关系而言，决策主体对于绿色环境议题合法性与政策性来源显示出越来越大的需求，更加专业化的环境议题智库能够得到这种更具合法化和科学化的议题，绿色智库的发展与繁荣很大程度上取决于决策者对绿色议题的科学论证需求；另一方面，从绿色议题对于智库的关系而言，环境议题在本质上和逻辑上还存在着某种程度的依赖关系，情绪化和非理性的诉求宣泄并不能有效地将议题上升为政策，以智库尤其是专业化的环境智库组织形式的平台推广和转化常常能够获得到更好的效果。

我们可以暂且摒弃和忽略绿色智库发展轨迹在具体细节上不同的影响因素，从更为整体的意义上抓取和梳理绿色智库变迁历程中的关键时间节点以界分其内部的具体阶段，从而尽可能客观地在宏观图景上对绿色智库的发展轨迹进行大概的勾勒和呈现。也即是具体地看，绿色智库至今的发展和演变轨迹，大致能以不同主要时间节点为时间线索界定和划分为三个主要的发展阶段。

第一个阶段的两个时间端点分别是“二战”的结束和新生态社会运动大潮过后，即从20世纪50年代开始到70年代初，基本上构成了一个跨度为20年的绿色智库初生阶段。伴随着“绿色”议题在政策舞台的重新出场和复兴，一部分擅长和专业从事环境议题领域研究咨询的智库从带有总体性特征的综合性智库队伍中进一步分化和脱离出来，可以将这一过程用“应运而生”而概括。因此，我们可以确定是，这个时期绿色智库是和环境新社会运动一同成长和发展起来的，也被深刻地打上了生态运动的绿色烙印与社会运动特质。因而与之相对应的，此时的绿色智库其中一个特质更多地是以综合性智库的环境议题为主，另一方面，绿色智库还仍然是在环境非政府组织的形式与框架下进行组织与行动的，还未与环境非政府组织彻底脱离而自成体系。罗马俱乐部（Club of Rome），就是具备这个时期绿色智库最经典特质也是影响最为成功的经典模型。成立于1968年的罗马俱乐部，基本上成长于绿色新社会运动浪潮的尾声，其本来就是一个定位于解决多样性的国际政治议题的智库组织。[①] 其于1972年刊布的《增长的极限》（*Limits to Growth*）一书，在学术界、社会和政治领域都引起了非常大的回应和反响。而环境议题的定位也影响了罗马俱乐部之后的研究范式与发展路径。成立于1912年的卡内基国际和平基金会以及布鲁金斯学会等非政府组织也参与了环境议题的讨论，以环境问题意识和批判方法构成了其基石。但是这个时期绿色智库的活动领域还非常有限，因而其话语影响力还非常微弱。

第二个阶段自20世纪70年代到90年代，以新的科技革命和苏联解体、东欧剧变为分界点，是绿色智库发展日臻成熟的阶段。正如前文在对智库发展阶段的阐释时所提到的，这个时期的智库发展无论从存量智库自身的质量提升层面看，还是从智库整体迅速增加的增量规模上看，这20年的时间跨度可以说是绿色智库发展的“黄金时代”。同时，也是绿色议题走上政策舞台从侧面影响转换为全面、正式影响决策者并施展公众影响效力的年代。尤其是进入80年代，以绿党为集中代表的高度制度化的绿色力量开始进入各国议会，各国也逐渐形成了制度化的环境保护部门。比如，美国国家环境保护局在1970年12月2日正式成立。[②] 而随后在1973年7月，欧共体环境部长理事会第一次会议也首次通过了环境领域的行动程序。[③] 值得一提的是，1987年的第八次世界环境与发展委员会上，通过了布伦特兰夫人《我们共同的未来》报告，自此可持续发展从一种理念概念范畴转换到了实践领域，生态运动从新社会运动形式转换到建构性组织，从而也直接将环境议题推向了全新的发展阶段，该报告成为环境政治和环境政策发展史被铭记的经典文献。在很大程度上说，这

---

① 罗马俱乐部官网：http：//www. clubofrome. org/。

② Richard N. L. Andrews，“Managing the Environment”，*Managing Ourselves*：*A History of American Environmental Policy*，Yale University Press，2 edition，September 2006，p. 26.

③ Knill，C. and Liefferink，D. （2012） The Establishment of EU Environmental Policy，in Jordan，AJ and C. Adelle （ed. ），*Environmental Policy in the European Union*：*Contexts*，*Actors and Policy Dynamics*，3 edition.

两种因素的叠加作用共同促成和塑造了这一阶段绿色智库发展向成熟阶段的走向。但是从智库内部的分化角度而言，日趋成熟的生态环境运动并没有在同一个方向上继续深入，而是恰恰相反，运动内部诉求原有的一致性逐渐被分离与消解了，在意识形态上开始出现了进一步的分化。[①] 具体地来看，这种分化体现在环境议题上的表征是出现了生物多样性、臭氧层保护、气候变化等全新的与多样性的议题领域，表征在具体形态上则是出现了新自由主义的绿色智库、生态主义或者环境主义的智库以及生态马克思主义或生态社会主义的绿色智库三种不同程度环境政策诉求的绿色智库分化形式。比如从法兰克福学派发展演变而来的生态社会主义流派逐渐发挥其环境政策影响，生态社会主义国际论坛作为其智库化身开展了很多生态社会主义的活动，而可持续发展议题的绿色智库也逐渐产生更大的影响。

自 20 世纪 90 年代开始至今是绿色智库发展历程中的第三个阶段，随着环境问题在各民族国家以及全球范围迅速传播，绿色智库的发展也有了相当大程度的扩展，这种扩展不仅是议题范围意义上的拓宽，即从局部的空气和水等环境问题的聚焦转换到更宽域全球气候变化的合作，更是智库之间超越本国立场而全面关注世界全球融合与深入合作的阶段。90 年代之后，绿色智库的发展呈现遍地开花的繁荣图景。根据气候管制国际中心的国际气候智库观察项目所做统计，1990 年之后成立的绿色智库有 206 个，在其所有 310 个绿色智库中占 66% 的比例。[②] 绿色智库数量的激增从另一个方面刺激了其内部多样性的进一步扩展，并且也更加稳定了绿色智库整体发展的存量基础。在前两个阶段，绿色智库所处的地域主要是集中在北美地区与欧洲，进入新的扩展阶段，绿色智库不断在亚洲、非洲和拉丁美洲的版图上进行扩张，并且由于国家之间环境国际间合作的加强而呈现深入的形势；在另一方面，三种生态价值绿色色彩程度不同的绿色智库的趋势也分化得更为显著。这表现在：倾向于生态主义价值理念的深绿色智库的激进色彩越来越凸显，

---

① Richard N. L. Andrews, "Managing the Environment", *Managing Ourselves: A History of American Environmental Policy*, Yale University Press, 2 edition, September, 2006, p. 93.

② Think Tank Map, http://www.thinktankmap.org/ThinkTankDetails.aspx? ID = 375&Lan = en-US&Letter.

红绿智库的发展得到了更多的关注，鼓吹生态现代化理论或倾向于生态资本主义理念的浅绿智库的影响和传播范围越来越广，其政策主张的扩散、接受与应用程度也越来越高。

总体上看，绿色智库虽然具有与一般智库不同的鲜明绿色特质和相对特殊的政治诉求，基本经历了一个与智库发展大致相似的路径，但是不难发现，绿色智库的生成、发展历程与生态意识的觉醒、生态话语的塑造以及生态理论的成熟有着紧密的相关性。

第二节　绿色智库空间分布与分类

在对绿色智库概念性和一般规定性特质问题进行了具体解析，并明确厘清和解决了其内涵性的概念厘清之后，绿色智库作为一种概念就基本上从理论上确定了。而在绿色智库的外延层面，从世界的空间范围匹配和分析绿色智库的发展现状成为一个绿色智库分析逻辑全面与否的关键任务。

一、绿色智库的空间分布

事实上，绿色智库的空间分布是一个具有丰富政治地理学意涵的问题。在政治地理学视域下，地区政治的发展与地理环境之间总会呈现出一定的相互关联。总体而言，和政治体制发展的情况相似，绿色智库在不同区域间的分布也是不平衡的。因而绿色智库的地区分布很大程度上能够反映出这个地区的绿色环境运动的发展状况以及具体的政治参与和影响方式及特点。

美国的环境管治国际中心（International Center for Climate Governance，简称 ICCG）开展了一项名为“智库地图”（Think Tank Map）的研究项目。可以说这项研究的意义在于其是对绿色智库的空间分布工作的一种有益探索。“智库地图”对全球环境智库组织的基本情况进行了一个初步的信息搜集以及数据分析，自 2007 年开始到目前为止，该项目历时十余年，总体上勾勒和绘制出了一个与全球气候变化议题相关智库的空间分布版图。①

根据该智库地图项目的调查结果显示，全世界目前已经有超过300家的绿色智库组织，这些组织在环境议题领域的牵涉和触及的议题领域实际上是非常广泛的。与之相应的，其具体的环境政策影响效果和力度也就不尽相同。一个值得关注的问题是，从绿色智库在全球的地区分布状况看，目前呈现出发展不平衡的趋势。根据智库地图项目的研究显示，欧洲地区是绿色智库发展最为繁荣的地区，其绿色智库数量占世界绿色智库总量的比例达到46%，北美地区则紧随其后，绿色智库数量占世界的26%，集聚了众多新兴国家的亚洲和太平洋地区的分布比例为15%，而中东（2%）、非洲（3%）、中美地区（1%）、南美地区（5%）以及大洋洲（4%）地区的分布则相对薄弱（如图2－1所示）。

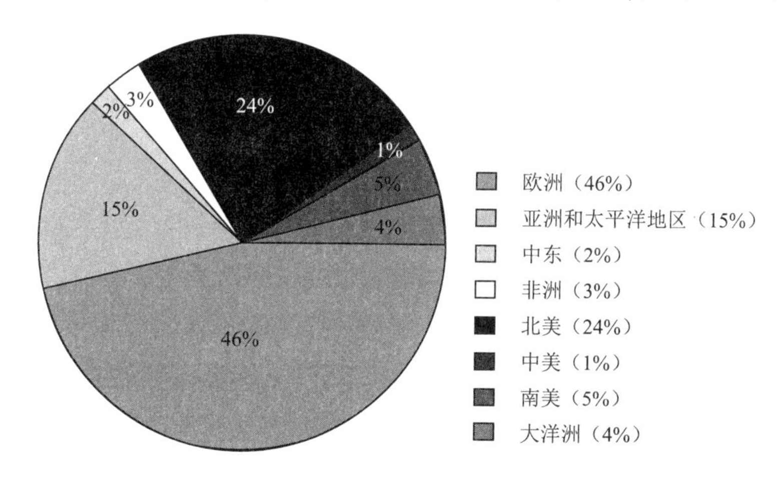

图2－1　世界地区环境智库的分布统计情况②

可以发现，欧洲和北美地区的绿色智库不仅在数量上呈现一枝独秀的态势，在实际的影响程度上也展现出了相对的优势。在“智库地图”项目框架下，环

① 该项目是环境管治国际中心（ICCG）自2011年起，对在气候变化以及相关环境议题领域活动的绿色智库有效考察的研发的一种分析工具。项目每年对相关智库在环境议题的影响、应用、可再生能源、环境政策机构、可持续发展、环境教育等议题领域的相关智库信息进行搜集、梳理、处理与影响效果等比较分析，从而形成一份排名名单，每年发布。截至2015年6月5日发布2014版排名，已发布四个版本。

② 来源：环境管治国际中心智库地图项目的研究统计。

境管治国际中心对不同地区绿色智库实际施加的影响力进行了重新梳理与实力排名。接下来，我们进一步了解不同地区绿色智库的基本情况与影响效果。

欧洲地区绿色智库

在这份绿色智库影响力榜单上，欧美的绿色智库与其他地域的绿色智库相比，明显有更多数量的智库位居前列。这当然是由于众所周知的因素，当代最先认知到环境保护对于人类生存影响，最为重视环保活动并将其纳入环境政策领域的是现代化程度较高的欧洲地区，欧洲的绿色智库发展也并不是同质性的。其中的原因是显而易见的，不同于北美的规约性现代环保理念，欧洲的绿色政治则植根在其深厚的传统绿色哲学和生态文化积淀土壤之上的。因而，在某种程度上，欧洲也是在环境保护与合作领域具有领先与示范意义的地区。虽然现代智库并不是最早在欧洲出现的，但是在塑造当代生态意识和生态文明的历程中起到无法替代的催生作用的罗马俱乐部与法兰克福学派都是在欧洲的文化土壤中发芽和成长的。欧洲地区是最早形成区域化的绿色智库的地区，以欧盟为代表的环境治理先驱性角色事实上已经引导了欧洲主要国家的环境保护合作机制。而德国在绿色政治领域一向领先的欧洲地区绿色智库的发展进程中又一次扮演了“领导者”的角色，无论在绿色智库的数量还是在影响力上都彰显了引导性力量。在欧洲大陆，最早具备了绿色智库特征的研究机构雏形并无例外地依然来自德国——1914 年在基尔（Kiel）成立的世界经济基尔研究所。该研究所最早关注环境问题和人类的生存发展之间的互动关系。而新近产生的绿色智库多从现代科技的视角和工具出发，从自然科学领域与社会科学领域的结合向度提供价值性的政策预测与判断。亥姆霍兹协会是德国乃至世界上权威的社会经济科学研究机构，其下属的环境研究中心（Helmholtz Centre for Environmental Research，简称 UFZ）在“智库地图”评估的绿色智库中位列第二。而波茨坦气候影响研究中心（Potsdam Institute for Climate Impact Research，简称 PIK）也是德国政府重点资助的解决全球变化、气候影响和可持续发展领域的关键科学问题的自然科学和社会科学的研究机构，也是莱布尼茨协会的重要成员①。与前者不同，波茨坦气候影响研究中心的研究方法则更多依赖的是

① 波茨坦气候影响研究中心官方网站，https：//www. pik-potsdam. de/research/sustainable-solutions。

系统和情景分析、建模，以及计算机模拟和大数据分析等现代科技方法为决策者提供有效的环境决策信息。除此之外，德国还有至少 30 多家专业性或者半专业的绿色议题研究与分析机构。

在欧洲除了德国之外，英国的环境议题智库的生态布局与规模影响也同样不容小觑。虽然与欧洲大陆隔海相对，地缘的距离并没有使英国在绿色智库发展层面脱离欧洲整体的绿色氛围。据不完全统计，英国在绿色智库的总体数量层面，实际上与德国情况不相上下。英国的环境议题智库多数出现在新世纪之后，其中只有 33% 的绿色智库诞生于 20 世纪[①]。查塔姆研究所（Chatham House）即国际事务皇家学院，成立于 1920 年，总部设在伦敦，非营利性国家事务研究智库，其主要议程是分析、推动重大国际现实议题的深度讨论和未来走向。需要强调的是，位列其四大支柱性研究议题之首的就是能源、环境与资源领域议题。[②] 由于资助来源渠道主要以政府以及国营企业等相对稳定的资金提供者为主，查塔姆研究所也因此获得了得天独厚的发展空间与影响效力。值得一提的是，在麦克甘等人所在宾夕法尼亚大学智库与公民社会研究项目（Think Tanks and Civil Societies Program）框架下的全球智库影响力综合排名中仅次于美国布鲁金斯学会[③]，被认为是世界上最有影响力的非美国智库。英国的绿色智库大约半数都是专业性绿色智库，比如，环境发展国际研究中心（International Institute for Environment and Development），国际环境法与发展基金会（Foundation for International Environment Law and Development），欧洲环境研究所（Institute for European Environment Policy）等，这些绿色智库所针对的议题专业化程度非常高，因而也提高了对相关领域决策建议的针对性，更容易获得决策主体的青睐。所以，在英国也产生了不少具有国际影响力的绿色智库。

而与英国和德国这样的绿色智库发展先驱性国家相比，法国的绿色智库出现和发展相对较晚，并没有在新社会运动之前出场并参与整个运动的过程，而

---

① Think Tank Map 项目环境智库统计名单，http：//www. thinktankmap. org/Statistics. aspx？ Type = GeographicalDistribution。

② 查塔姆研究所官网，http：//www. chathamhouse. org/。

③ University of Pennsylvania，The 2013 Global Go To Think Tanks Ranking，23 January 2014.

是作为新社会运动的结果出现的。直至20世纪70年代之后，法国才陆续出现了少数几所专业的绿色智库，大多数的智库都是在新世纪之后才真正走向了政治历史舞台。综合看来，法国的绿色智库多是与政府保持密切联系或者拥有相关的官方背景。比如，法国最早的绿色智库是1971年成立的国际环境发展研究组织（Centre International de Recherche sur l'Environnement et le Développement，简称CIRED），早期为政府设计环境与发展和谐一致的可持续发展策略，1979年被吸纳为法国国家科学研究中心（Centre National de la Recherche Scientifique，简称CNRS）的正式成员，因此，自20世纪80年代开始该中心将研究重点转移到在配合政府总体环境战略的前提下利用现代技术性的工具解决手段探索环境和经济和谐发展的路径探索上。[①] 荷兰的绿色智库有着与法国大致一致的境况。除了最早的智库成立于1955年，基本上绿色智库都集中在20世纪末21世纪初这个阶段诞生。

尽管总体上在欧洲区域内的绿色智库发展是处于领先世界的水平和趋势，在欧洲内部依然也存在显著的发展不平衡的问题。这体现在时间维度和空间维度上的不平衡。在时间维度上，西欧与北欧地区对国家环境议题的重视最先萌生的，因而在绿色智库的发展上也与绿色议题的发展程度呈现明显的正相关关系；而在东欧和南欧地区，一些国家绿色智库也开始有了一定发展，但是生态运动的影响深入相对比较缓慢，对环境议题的重视也明显晚于西欧和北欧地区，相应的绿色智库相对处于起步阶段。根据智库地图的调查和统计，东欧尤其是原苏联的众多国家中只有奥地利（4家）、立陶宛（3家）、波兰（1家）、捷克（1家）、匈牙利（2家）拥有为数不多的绿色智库，而在其他国家绿色智库更是鲜有分布。

北美地区绿色智库

20世纪，新社会运动之火是在北美地区引燃，北美不仅是生态绿色运动的起源之地，绿色智库作为环境政策咨询的组织模式也是在美国地区最为繁荣的。成立于1951年的美国自然保育协会（The Nature Conservancy），也被称为

---

① Centre International de Recherche sur l'Environnement et le Développement，http：//www. centre-cired. fr/spip. php？ rubrique288&lang = fr.

大自然保护协会，是从环保慈善组织转型而来，是具有社会运动基础的绿色智库。据智库地图项目的统计，仅美国全境就有至少超过60家绿色智库，加拿大也有不少于15所的绿色智库而榜上有名。但是和欧洲的智库相比，北美绿色智库发展显然起步更早，截至目前北美绿色智库的半数以上都产生于20世纪。尤其是智库组织在北美政治生活中作用机制的成熟化和体系化为绿色智库在环境政策领域的作用提供了良好的政治生态环境和机制性组织储备。美国最具影响力的智库布鲁金斯学会的历史，实质上代表着美国智库发展的历史。在一定意义上，其不仅是对美国国家政治生活影响非常深刻的智库，也是当下世界上对环境政策最具影响力和引导力的智库之一。1974年成立的世界观察研究所是世界上较早专业研究环境议题与分析的独立研究机构，专注于研究满足人类需求前提下的可持续发展战略。具体而言，其关注的领域囊括了新世纪人类面临的气候挑战、人口增长、资源短缺和与环境相关的贫困等全部问题。根据智库地图项目的评价体系，世界观察研究所位列全球绿色智库的第八位。不仅如此，注重培育精英精神与高层对话的美国名校的环境研究机构与美国环境政策的塑造之间存在着不可忽视的密切关联。比如，耶鲁大学的气候与能源研究所以跨学科的气候和能源机制机理的学术性科学研究成果和耶鲁大学自身以学校声誉和校友资源为核心的名校效应影响决策者的环境决策。总体而言，美国绿色智库更像是全球绿色智库的微型缩影，事实上是更全面与直接地体现和表征着绿色智库的多样性存在状态。

对于地处北美的另一个发达国家加拿大而言，其国内的绿色智库发展当然一方面是由于本国绿色议题讨论持续性升温的结果，但是在很大程度上，更是由于受到了发展繁荣的美国绿色智库先在性地缘影响的综合结果。在这个角度上，一个非常显著的外在表象就是加拿大绿色智库在地域上集中于南部接近美国的区域。加拿大的绿色智库全部分布在国境南部包括首都温哥华、卡尔加里和温尼伯等地。最早成立的加拿大绿色智库是1945年由加拿大国会法案通过而组建的非营利性机构——北美北极研究所（Arctic Institute of North America），该机构是美国和加拿大环境合作组织化的表现与合作成果的外化形式，其总部虽然设在加拿大国内，但是实际上也同时在美国纽约进行了机构的注册。不过从另一方面看，和美国的绿色智库相比，加拿大绿色智库明显在影响力上稍逊一筹。根据智库地图项目的前百强排名报告可以发现，加拿大的绿色智库仅有一家榜上有名，而且只占第55位。[①] 这家绿色智库是在1988年成立的可持续发展国际研究中心（The International Institute for Sustainable Development，简称IISD），是加拿大著名的公共政策研究智库。其成立最开始是源于1988年时任加拿大总理的马丁·布赖恩·马尔罗尼（Martin Brian Mulroney）成立一个为在联合国倡导可持续发展理念的研究机构的设想。[②] 因此，在一定意义上其在加拿大的影响力也与其初创时的官方背景不无关系。可持续发展国际研究中心的关注领域集中在可持续发展的前沿性研究议题，目前其已经成功地转型为独立的非政党性的政策分析与信息交流的环境智库性研究机构与平台。

需要特别强调的是，墨西哥目前也拥有了专门化关注环境议题的智库。三家绿色智库都将总部设置在首都墨西哥城。虽然仅有三家绿色智库，但是其国际影响力也不容小觑。其中两家智库在前百名绿色智库排名榜上有名，其中墨西哥环境法研究中心位列第67位，而马里奥·莫利纳中心位列第99位。另一方面，可以确定的是，墨西哥智库的发展或多或少地受到了美国绿色智库的潜在性影响。比如，始建于1993年8月的墨西哥环境法研究中心（El Centro Mexicano de Derecho Ambiental，简称CEMDA），就是在美国和加拿大支持下由一些有志于保护墨西哥环境的律师精英创立的。该中心的研究主要围绕在北美自由贸易协定框架下有效落实和完善墨西哥环境和自然资源的环境法相关领域问题[③]。而马里奥·莫利纳中心（El Centro Mario Molina）则是另一种平民路向的绿色智库形式，其活动宗旨在于通过社会福利和公民社会的变革与改革，促使社会各界达成统一的共识，以在技术上和经济上的可行性方案为辅助措施，通过知识的生成转化和与决策者的合作，从而实现环境议题转化为真正的环境解决方案[④]。

---

① 智库地图项目环境智库排名，http：//www. thinktankmap. org/ThinkTankDetails. aspx？ID = 263&Lan = en-US&FromHome = Yes&Search = Yes&ResearchField = &MarkerColor = 。

② The International Institute for Sustainable Development History，http：//www. iisd. org/about/our-history.

③ El Centro Mexicano de Derecho Ambiental Historia，http：//www. cemda. org. mx/historia/.

④ El Centro Mario Molina tiene como propósitohttp：//centromariomolina. org/acerca-de-nosotros/quienes-somos/.

亚洲和太平洋地区的绿色智库

亚洲和太平洋地区是当代新兴经济体分布比较集中的发展平台和地理区域。和发达国家绿色智库红火发展的宏观背景相比，由于亚太地区的后发现代化国家正处于经济复兴与社会转型两个交互平行的复杂历史进程中，承受着经济社会发展的重构与重组双重压力，环境问题既是亚太地区困扰经济社会持续稳定发展的重要因素，但也是经济社会发展超高速前进所导致的客观结果。这些地区对于环境领域的关注也是初步萌发，绿色智库的发展基础和状况仍然相对比较薄弱。不过，目前亚太地区的绿色智库已明显呈现纵向扩张与横向扩散两种不同轨迹交叉快速发展的态势。据智库地图项目收录的统计数据显示，目前亚太地区有超过 50 家具有国际影响力的绿色智库。在绿色智库发展的时期特点上，这些绿色智库的成立时间相对而言比较晚，集中出现在新旧世纪交替的时期。

从环境议题与绿色智库发展的具体程度进行考察可以发现，亚洲太平洋地区国家之间实际上也存在着与分析现代化发展程度相似的“雁形”发展形态模式。像日本、韩国、新加坡等部分环境先驱性的国家和地区，已经出现了有效的环境议题论证且具有高度社会政治影响绿色智库的国家，这些国家大概处于雁形的头部，属于绿色智库发展相对领先的第一梯队；印度、印度尼西亚、泰国等发展中国家属于第二梯队，也是雁形形态的中间部位，这些国家在高速运转的现代化中，也开始聚焦和探寻环境问题的可行性与高效性的解决方案。而越南、老挝、缅甸、柬埔寨等国家实际上社会经济发展仍然还未有较大起色，环境危机的严峻性还未凸显或者还没被意识到，而处于雁形形态的尾部。日本的绿色智库代表了亚洲绿库的发展较高水平。成立于 1990 年的地球创新科技研究所（Research Institute of Innovative Technology for the Earth ，简称 RITE）与 1998 年的全球环境战略研究所（Institute for Global Environmental Strategies ，简称 IGES）在“智库地图”项目下的环境智库的排名分别是第 61 位和第 66 位。前者在日本政府的支持下开展研究，更多的是立足于环境问题的具体技术解决方式和环境科技创新问题；全球环境战略研究所的主要立足点则是通过推动可持续发展战略以实现改造和重塑目前物质文明体系导致的人类不合理的生活方式和生态价值观。[①] 该研究所特别注重区域合作与跨国合作尤其促进在亚洲—太平洋地区的可持续发展政策。一个重要的表现是其在北京和曼谷分别设立了办公室，分别专门负责东亚和南亚的环境政策推进活动。印度政策研究中心（Centre for Policy Research，简称 CPR）也是影响力很大的环境议题智库，其成立于 1973 年。本来这个研究中心是独立的非政党的综合性研究智库，目前已经将研究重心逐渐转移到印度国内的环境问题上，尤其是与环境立法与权力相关的议题中，显示出一些专业化的倾向。[②]

我国的绿色智库的发展起步也较晚，但是目前呈现着极速增长趋势。一直以来传统的包括环境保护部下属的环境规划院等官方智库发展稳定，根基深厚。高校与地方政府合作的一系列生态文明研究中心也纷纷萌发，比如浙江理工大学与浙江省政府合作建设的浙江省生态文明研究中心，山东省委宣传部和山东大学合作建设的山东省生态文明研究中心等绿色智库都显示出高校绿色智库与官方绿色智库跨界深入合作的全新趋势；而另一方面，新兴的社会和高校智库比如包括成立于 2008 年的中国与全球化智库（Center for China & Globalization，简称 CCG），以“国际化、影响力、建设性”的远景目标，关注世界性全球性的环境问题。而日益凝聚社会影响力的公众环境研究中心（IPE），倡导一种包括绿色供应、绿色证券、绿色信贷在内的绿色选择路径。[③]

与此同时，在亚洲和太平洋地区一个发展不平衡的显著表现是越南、柬埔寨和老挝等欠发达国家和地区，环境智库的发展还依然比较落后，甚至还没有出现具有影响力的环境政策智库。这实际上也与这些地区经济社会发展的现代化水平有着直接的关系。

非洲、中南美洲和大洋洲地区绿色智库

非洲、中南美洲的不少国家依然处于现代化的“补课”阶段，在经济社会发展上落后于其他区域是这些地区历史发展的结果和长期积累的客观历史问题。非洲地区仅有少数社会经济发展程度较高的国家比如南非、埃塞尔比亚、

① 全球环境战略研究所官网，http：//www. iges. or. jp/jp/about/index. html。

② 印度政策研究中心官网，http：//www. cprindia. org/environment。

③ 公众环境研究中心官方网站：http：//www. ipe. org. cn/alliance/gca. aspx。

尼日利亚和肯尼亚等国家形成了环境智库团体或者组织。但是大多数的非洲国家和地区并没有形成完全意义上的环境议题智库。而相对非洲地区，中南美洲国家的经济社会发展虽然有了一定程度的推进，却并没有具有国际影响力的智库形式。

非洲地区仅有10个相对知名的环境议题智库，大多数成立比较晚，在21世纪之后，也缺乏足够的政策影响力。而肯尼亚的绿丝带运动组织（Green Belt Movement，简称GBM）在非洲地区算得上与众不同的一朵“奇葩”，其是非洲少数具有较高知名度和实际政策影响力的环境非政府组织与环境议题智库。绿丝带运动组织不仅成立时间较早（其成立于1977年，几乎紧随20世纪新社会运动的浪潮），也收获了足够的国际影响（在智库地图环境议题智库排名中位于第45位）。此外，值得注意的是，实际上该组织成立的真实初衷是为非洲地区的广大女性争取和谋求合法权利和生活保障的斗争运动中衍生而来的。而之后，该组织意识到了环境保护与妇女权利之间的密切的关联性和互动的作用效应，将妇女权利和环境保护同时作为组织的政策影响和倡导的重点议题。[①]

南美洲主要的国家包括巴西、阿根廷、秘鲁都拥有具有本国特色的绿色智库。和墨西哥一样，南美国家的绿色智库很大程度上也是美国绿色智库模式影响以及与美国的环境合作的结果。成立于1995年的巴西与美国在亚马孙河流流域环保合作的组织——亚马孙环境研究所（Amazon Environmental Research Institute，简称IPAM）就是这方面的例证。虽然该研究所最初是由重点关注亚马孙流域生态环境问题的激进主义分子所倡导的，在后来其实际上成为了巴西与美国两国环境合作的历史标志和见证。研究所主要由科学家和教育家等知识分子所构成，将威胁亚马孙流域的森林和人口生存的景观破坏等不可持续的经济和社会不公议题作为关注中心。[②] 成立之后的20年间，该研究所凭借在亚马孙流域的生态保护问题的推进，收获了较大的影响，位列环境智库影响力排行榜的第54位。

---

① 绿丝带运动官网，Green Belt Movement ，http：//www.greenbeltmovement.org/who-we-are/our-history。

② 亚马孙环境研究所官网，http：//www.ipam.org.br/。

大洋洲地区的绿色智库虽然数目并不多，只有大概 12 家，而且创立时间也相对晚近（其中 9 家出现在 21 世纪之后）。但是大洋洲绿色智库的发展水平和影响力却并不逊色。比如位于排行榜 19 位的莫图经济与公共政策研究中心（Motu Economic and Public Policy Research），其是一个完全独立的非政府组织，但是于 2002 年被确立为新西兰皇家学会的直属机构，正式进入了官方政策咨询领域。莫图经济与公共政策研究中心将温室气体排放作为关键的研究框架与议题领域。①不仅如此，大洋洲绿色智库影响力得到有效实现的另一个例证则是成立于 2009 年的全球 CCS 研究所，在短短几年时间内迅速成长为一个具有国际影响力的绿色智库，目前根据全球智库排名位列第 61 位，已经在环境议题领域开始崭露头角。

二、绿色智库的分类

与形形色色的智库组织可以按照某一个或者几个特质性因素集中化制定的区分标准和指标体系类归为不同的类型一样，纵然绿色智库拥有日益多样性和动态变化的议题形式和组织模式，依然可以根据具体的逻辑线索和不同的影响变量标准区分为多种次级类型。笔者认为，在绿色智库的分类问题上至少存在以下三个不同的划分路向或者参照逻辑：

首先，最直接的一种分类方法是根据学术界主流的智库分类标准进行。因为在一定程度上，绿色智库实际上是按照具体议题内容以及关注或涉指的专业领域从智库中进一步分化出来的类型，也即是说其是智库的次级形式。因而，如若将学术界对智库的主流分类依据与方法直接移植到绿色智库的分析显然是符合常规而又简便易行的思考方向与路径。按照绿色智库自身的组织结构特点以及与政府的相对位置关系的不同可以将其细分为学术型绿色智库、项目型绿色智库、倡导型绿色智库以及政党型绿色智库四种具体类型。在很大程度上，根据这种分类模型或者区分框架，大部分绿色智库基本上都能够对号入座。显而易见，大学或者科研院所的环境议题研究组织代表着学术型绿色智库模式，政府环境课题项目组织则代表着项目型绿色智库，欧美国家的绿党基金会则是

---

① 莫图经济与公共政策研究中心官网，http：//www. motu. org. nz/。

政党型绿色智库模式的现实表象，倡导型智库更多的是以环境非政府组织和其他环境利益团体为主要形式。可以说，这样就形成了绿色智库的“四象限”图，其中那些综合了两种或者更多模式特点的绿色智库也可以在不同类型绿色智库交界的区间位置找到自身的定位。这个模式的分类的优点在于可以最大程度地将各种绿色智库根据组织结构特点放置于不同的绿色智库分型象限。但是，这种分类模式所带来的不可回避的问题在于，在此种分类方式的框架下只能依据内部组织结构的表象差异而窥探绿色智库的影响力，实际上仍然是停留在肤浅的表面现象的“同义反复”和“机械照搬”，而远远未能实现从根本的作用机理对绿色智库的根本特质进行区分从而有目的性和针对性考察的理论诉求与研究目的。

还有一种比较容易理解的分类逻辑，则是依照绿色智库按照议题关注重点的具体差别进行重新界分，也就是根据生态环境框架下不同绿色议题的次级议题将其进一步细分为气候变化议题的智库、动物权益保护的智库、生物多样性议题的智库、可再生能源议题智库、空气或者水资源保护议题智库等不同专业性议题的绿色智库。必须承认的是，这种分类方式可以鲜明地展现出不同绿色议题在绿色智库中的分布状况，从而鲜明地呈现环境政策领域议题的普遍性关注焦点以及决策者的环境决策需求。但是，这并不意味着这种分类方法能够完整的描绘和展现出当代绿色智库的发展轨迹。这是因为：一方面，绿色议题之间并不是完全独立的关系，环境问题的产生往往是由于链条式的“连锁反应”。正如澳大利亚的约翰·德赖泽克指出的那样：“环境议题并不孤立地存在，就像一个个上面贴着放射、国家公园、熊猫、珊瑚礁、重金属污染等标签的盒子。相反，在很多情况下它们是相互联系的。”[①] 比如，燃烧化石燃料产生和排放的二氧化碳在大气中的积累会造成全球气候变化的议题，也与水污染议题关系非常紧密，甚至还会与森林等生态系统破坏有直接关系，而新型能源比如核能等的使用议题也与之相关。因而在一定意义上，割裂了这种关系链条的副作用将意味着这种区分方法并不一定是诠释绿色智库的有效方法；而另一

---

① ［澳］约翰·德赖泽克：《地球政治学：环境话语》，蔺雪春、郭晨星译，山东大学出版社2008年版，第9页。

方面需要强调的是，当下的绿色智库毕竟仍羽翼未丰，甚至很多环境议题只是部分智库的主要研究重点之一，因而对智库根据多样的绿色议题进行再次分割更使绿色智库的规模削弱，解释力变得脆弱和单薄。

不过需要强调和明确指出的是，对绿色智库分类最根本的考虑因素还应该是以那些对分析政策影响效果有直接效应的变量。因而，对绿色智库的归类不应该简单地从组织机构的性质或者是具体的议题属性进行机械的直接分类，而是应该从涉及到其实际政策影响力的因素，也就是在根本上绿色智库所内置的生态理论偏好或者生态价值取向作为关键变量出发进行分类。

绿色智库解决环境问题的基本路向选择或者内在根植的价值取向实际上是一个具有规范性的也是相对较为全面的视域。因为绿色智库的政策偏向或者兴趣偏好，不仅是由一连串的环境关注焦点与观点所构成的，而且还被接受这种思想体系的智库学者或者研究者达成共识，共同认可的权威性或者规范性的理念。不仅如此，与前面所利用的政治机会结构理论作为分析工具的缘由也有直接关系。无论是智库影响效果的外部环境还是内部环境，都离不开内置的意识形态和根植的理论价值取向因素，而且这也是影响智库成果转化有效性的关键问题。一方面，在外部环境上，智库实际政策的转化有效性与决策主体的认知取向或者主流意识形态的一致性有着直接的关系；另一方面，在内部环境上，智库自身价值取向也会潜在地注入、嵌入甚至是凝聚到智库的政策成果中，构成智库产品的内在特质与本质特征。这种根本的意识形态或者价值取向是决定绿色智库成果属性以及应用前景的关键要素。

在本书中，笔者将从不同绿色智库的生态价值取向视角切入，将绿色智库置于一个比较性的分析框架中进行分析。同时，也将这种视角作为重要的考察变量对绿色智库的实际政策影响力进行比照，从而进一步对绿色智库的实际政策影响作用进行阐释与评析。

第三节　三维生态价值视野下的绿色智库

如前文所述，绿色智库的三个特质，即“绿色”“智识”和“库存”特质，关键在于“绿色”。在环境政治学科领域内，绿色是一个经常使用的形象化和凝练化的概念，生动直接地彰显了与生态环境问题具有相关性政治议题。绿色同时又是一个意蕴丰富的语词，其内部也包含了不同层次的绿色政治意蕴。而什么是“绿色”呢？“绿色”实际上，不仅意味着一种生态思想意蕴，也包含着一种生态政治倾向或者生态价值取向。

一、西方学者关于“绿色”特质界定的争论

“绿色”作为对生态和环境领域问题特制称谓的出现来源于西方的生态理论研究。什么是“绿色”呢？在本书的前面部分，笔者进行的简单界定是与现代环境问题或者生态问题相关的政治价值理念或者政治理论。在学术界主要存在两种观点，分别是：认为绿色是一种政治意识形态，或者是将其作为一种绿色政治思想或者价值取向而理解。

首先，不少西方学者持有将这种“绿色”思想作为一种意识形态的观点，这也是在学术界中具有较多争论的观点。一些学者认为绿色意识形态的实质是一种政治意识形态，是以生态主义价值观为根本特质与逻辑起点的。比如英国学者安德鲁·多布森在《绿色政治思想》[①] 中明确把生态主义作为一种独立的意识形态树立起来，并且选取了自由主义、保守主义、社会主义和女权主义这四种具有代表性意义的政治意识形态进行了比较学的研究论证。多布森强调，生态主义是以一种根本性的方式关注人类与自然环境之间的关系。多布森是在把环境主义与生态主义进行了进一步的严格区分的基础上，把环境主义排除到激进的生态主义意识形态之外。[②] 而在理论层面，绿色旗帜下的生态理论是绿色意识形态的理论阵地和外在呈现形式。在多布森的认知体系里，生态主义是以一种根本性的方式关注人类与自然环境之间多重的关系与联系的。他显然是从一种深绿的生态主义视角构建了绿色意识形态的初步理念。还有一种观点认为绿色意识形态是超越了传统左与右的传统意识形态分界的环境主张与生态理念的集合。比如泰德·舒尔（Tad Shul）认为，“绿色意识形态将任何政治左

① ［英］安德鲁·多布森：《绿色政治思想》，郇庆治译，山东大学出版社 2008 年版。

② Andrew Dobson, *Green Political Thought*, Routledge Press, 2007, p. 36.

翼与右翼思想在道德上看作是平等的，因此拒绝与任何一方的融合或者妥协”。[①] 在他看来，绿色意识形态是一种既非左又非右的价值理念，不受其他意识形态的影响，因而其实际上也是支持作为独立的意识形态存在的。多布森等人将“绿色”作为政治意识形态，实际上是非常片面的。意识形态作为一个社会中不同阶级意识的体现，不同意识形态之间实际上一种相互排斥的状态。然而，绿色的价值却可以与不同形式的意识形态互相融合和共生，所以绿色意蕴实际上更多的是一种生态价值倾向。

西方学者对“绿色”的第二种认知模式，是将其作为一种政治理论进行界定。很多学者在实际上是反对绿色意识形态概念的提法的，他们认为这个概念本身所基于的理论前提就存在逻辑性的错误。比如希腊政治学家亚尼斯·斯塔夫拉卡吉斯（Yannis Stavrakakis）在《绿色意识形态：一个歪曲的概念》一文中，认为绿色意识形态“并不是一种全新的意识形态，其只是先前出现的各种意识形态的累加而已”[②]。他对通常情况下为什么绿色意识形态往往被误认为是崭新的意识形态的现象进行了解释，认为这实质上是源于其围绕着一个交融综合的全新角度——绿色的视角。这种绿色视角为之前已经存在的很多元素赋予了新的内涵，并且将这些元素转换为新的绿色意识形态。作为支持性的证据，他以女性主义意识形态在绿色意识形态出现之前就内在的包含了绿色意识形态的具体元素为例进行了佐证。

实际上，坚持绿色是一种以生态关注为中心的政治思想或者价值取向的认知更为广泛。比如英国学者，也是北爱尔兰绿党前主席约翰·巴里（John Barry）认为绿色思想包括一系列广泛的想法和关注：从生态主义到环境主义或者生态政治学以及环境政治学都属于这种绿色思想体系[③]。在巴里看来，绿色是一个较为宽泛的概念，不论是关注物质世界元素的变迁，还是人与非人之间关系或者考量和重视非人世界的伦理和政治地位的思想，只要具有“后物

---

① Tad Shull, Redefining Red and Green: Ideology and Strategy in European Political Ecology, SUNY Press, 1999, p. 59.

② Yannis Stavrakakis, “Green ideology: A Discursive Reading”, Journal of Political Ideologies, Volume 2 Issue 3, 1997, pp. 259 – 279.

③ John Barry, “Green Political Theory”, in Cincent Geoghegan and Rick Wilford (ed.), *Political Idiologies: An Introduction*, p. 154.

质主义”的价值取向和认知视角，并以这种取向和视角关照人与非人世界之间的关系的，都是庞大的“绿色”思想体系中的重要元素。巴里是不认同将绿色限定于单一的思维路径，并且作为一种旗帜树立起来与其他社会意识形态对立的。而澳大利亚国立大学的教授约翰·德雷泽克（John Dryzek）则是对绿色政治学的范围进行了拓展。在《合理的生态：环境与政治经济》[①] 一书中，他以“理性的生态学”的概念重新塑造和丰富了绿色的内涵。德雷泽克认为通过各种合理的制度安排和集体决策就可以实现生态决策的优化，从而进一步针对环境问题提供优化的解决方案。在德雷泽克看来，这些避免了激进生态主义价值的做法虽然没有具有意识形态的政治性指向，但是也提供了一种处理人与自然的政策视角和方法。

本书认为，绿色智库的“绿色”价值或者意蕴在根本上是作为一种生态价值取向的。基于生态价值取向下，绿色智库表现出具体的生态理论倾向和环境问题的固有认知。具体而言，“绿色”不仅概括了深绿的生态主义理念，还蕴含着浅绿的环境主义价值观和方法，红绿的生态社会主义，粉绿的生态女性主义，以及灰绿物质发展主义等层面的生态价值取向。这些当然都是改变现存人类社会环境现状的尝试与努力，都是“绿色”的组成部分。可以说，“绿色”不是一种单调的色彩，而是一套有着层次差别的色系，展现给人类的是一幅纷繁复杂的绿色画卷。而这些具体的不同和差异，我们可以将其归结为不同学者或者思想主体对于生态价值的认知取向和理论倾向的不同。

二、绿色智库：以三维生态价值为视角

事实上，不同绿色智库的智库产品表现出不同的论证逻辑和方法特点，这种论证逻辑与方法就是绿色智库整体上所根本依赖的生态价值取向的体现。生态价值取向在理论形式上看直接表现在其依赖的生态理论倾向的不同，生态理论是一个统一性与多样性的综合体，既包括了统一的生态和自然主题特色，也包含了多元化的理论形式。与生态理论层面的特质一致，绿色智库作为这种内在的生态政治理念与价值观的外显化组织形式也是包含统一和多样的整体。从

---

① John Dryzek, *Rational Ecology: Environment and Political Economy*, Oxford: Blackwell, 1992.

人类社会与环境之间具体的细节看，生态价值取向则表现在对环境问题产生的根源与解决路径上的不同认知。

西方学界实际上对绿色政治思想的研究和著作很多。尤其是将绿色政治思想或者理论分为浅生态学和深生态学的两种模式是一个获得了广泛共识的观点。比如，英国生态社会主义学派的代表人物，戴维·佩珀（David Pepper）曾经在《当代环境主义导论》一书中从思想来源层面对绿色思想进行了区分。他认为就绿色的思想观念所属的集合或者理论谱系而言，其是属于后现代主义体系的，与自由主义等前现代的思想有着明显的差别与分界。在绿色思想内部谱系中，处于最核心的是从深生态学维度考虑人与自然关系的生态中心主义的理念，也就是多布森认为可以称为绿色意识形态的那部分激进主义的生态主义。与之相对的人类中心主义则是浅生态学的观点，这种观点认为环境问题的解决根本是为了人类的利益，因而在人类与自然的关系问题处理过程中，是人作为主体在支配和处理的。[①] 其他一些社会生态学或者生态社会主义认为生态环境问题与社会问题有密切的关系。[②] 另外一位著名的生态社会主义学者，德国印裔学者萨拉·萨卡（Saral Sarka）则是从资本主义和社会主义两种制度前提下环境问题解决的理论取向和现实情景角度进行了另一种区分。在他的著作《生态社会主义还是生态资本主义》一书中对生态资本主义与生态社会主义的两种不同的生态价值取向从比较的视角进行了分析。他对生态资本主义持有质疑的态度，认为生态资本主义本身最严重的问题就是其是完全建立在自私自利的趋利追求基础上的。通过在资本主义世界视野的内部矛盾、资本主义体制的无效和浪费、资本主义追求利益的逻辑、资本主义贪婪的增长动力等五个层面的考量，萨拉·萨卡对资本主义对生态和环境造成的伤害进行了批判，也在制度模式上界定区分为生态资本主义与生态社会主义的两种不同的模式。他认为应该把解决生态危机的希望寄托于另一种社会制度模型——生态社会主义的理想。[③]

---

① David Pepper, *Modern Environmentalism: An Introduction*, Routledge, 1996, p. 35.

② David Pepper, *Modern Environmentalism: An Introduction*, Routledge, 1996, p. 21.

③ ［德］萨拉·萨卡：《生态社会主义还是生态资本主义》，张淑兰译，山东大学出版社 2008 年版。

建立在对生态理论的回顾性和比较性的认知基础和条件下，本书认为对绿色智库的研究从其生态价值取向以及生态理论的不同认知倾向和这一分析变量作为主要的参照指标和分析线索既是一种合乎理性的研究逻辑，同时也是一种比较可行的研究方法。因为形形色色的绿色智库与绿色主张在本质上内置和展现着绿色生态价值与认知倾向。这也是绿色智库内部存在结构差异性的存在前提。在达成这样一种共同认知的基础上，我们可以将其迁移和移植运用到对绿色智库的内在解读与理论把握。就其本质特点而言，绿色的生态价值倾向或者认知模式实际上是根源于对人类面临的环境难题的思考路向与解决路径的根本差别。从本质上说，人们思考改变和解决人与自然关系恶化现状无外乎从三个相互独立的视角或者路径入手。具体而言：是继续延续人类的发展轨迹的基础上改变一些处理自然的方式？还是反思和重构人自身与自然之间的社会关系？抑或是破除外在的整体性的社会制度对人与对自然的限制？

从整体上看，无论是在相对外显性的具体生态理论形态中，还是在绿色的生态价值取向里，都存在着三个层面或者说三个不同维度上的基本价值取向，它们分别是：强调改变人类与自然之间地位，实现生态与自然理想主义保护的激进“生态主义”；强调继续维持人类对自然的控制地位和优先地位，依靠科技等工具性手段掌控对自然的利用与保护方式的“生态资本主义”；强调环境问题产生的社会制度性根源，主张社会变革根本解决方式的“生态社会主义”。这三者分别对应的前面所述的深绿、浅绿与红绿的生态价值取向与理论形态。

所以在这个意义上，绿色智库的分类模型体系中与此相对应的就生成了一种全新的“三分方法”，即分别为深绿生态价值与理论取向的绿色智库、浅绿生态价值与理论取向的绿色智库以及红绿生态价值与理论取向的绿色智库。由于这三类绿色智库的生态价值取向、议题建议、政策主张以及理论倾向在色彩上都存在不同绿色程度的具体差异，其在相似的政策宏观环境下实际上会产生不同程度的环境政策影响。本书认为，这种分析方法不仅能把绿色智库根据生态价值和理论的不同倾向和强度各归其位，也能通过绿色智库背后的这种生态理念和价值取向支撑性因素透视其具体的政策主张和实际的不同政治影响，弥补了其他路径的考察方法在分析影响方面的逻辑缺失与理论弱点，也提供了一种诠释和解读绿色智库的一种全新的解释范式。这三个层面的理论倾向和价值取向有着特别的表现形式，我们可以将其分别界定为浅绿智库、深绿智库与红绿智库。具体地看，这些绿色智库的理论特点分别是：

其一，从概念层面，所谓浅绿智库，是秉承环境保护主义或者生态资本主义为主要生态价值理念，倾向于通过和依靠科技进步和政府环境管治方式等工具性的创新实现环境保护目的的绿色智库。这种生态价值取向可以用浅生态学或者环境主义的名词对其进行概括，这种伦理的核心倾向一种人类中心主义。浅生态学以人类利益为本位，认为地球也就是整个自然界是人类实现价值和目的的工具，也就是将自然作为绝对的客体看待。在人与自然之间的相对地位和价值层面的认知是，人类自身是一切事务和活动的终极价值参照系，自然的价值不是本来具有的，而是由作为主体的人类赋予的。在理论或者价值认知上是承认生态问题的客观性的，但是认为这种问题是可以在资本主义工业社会的政治经济框架下解决的。浅生态学在技术的未来前景上是极为乐观主义的，乐于相信现有的社会制度下通过改善技术、市场等工具运用推进经济社会的发展，从而也实现人与环境关系的改善。因而，带有这种生态价值取向色彩的绿色智库，通常是以生态自然对于人的意义和价值出发，将自然作为一种社会生产所需的“原材料”“资源”甚至是“资本”看待，即将自然资本化，进行一种成本核算性的经济量化与估算。在具体实现的手段上，浅绿智库倾向于强调生态技术发展对于缓解生态危机和解决环境问题的重要性，而不希望改变现存社会制度等根本性环境解决方案。正如社会生态学理论的创始人，也是一家绿色智库佛蒙特社会生态学所（Insitute of Social Ecology，简称 ISE）的创始人，美国学者默里·布克金（Murray Bookchin）所言，“环境主义并不质疑现代社会的根本性前提，即人类必须支配自然；相反，它试图通过发展能够减少由于对环境的无情破坏引起的危害的新技术促进上述观念。”① 在政治理论或者政策话语的呈现方式上，通常表征为可持续发展、生态经济或者生态现代化等倾向的理论或者政策话语。综合而言，浅绿智库是一种在政治政策上不寻求根本的政

① ［美］默里·布克金：《自由生态学：等级制的出现与消解》，山东大学出版社 2008 年版，第 8 页。

治改革方案，而是追求具体社会制度或者社会生产具体要素的生态化或者绿色化取向的智库。

其二，深绿智库，是认同生态中心主义的生态价值理念或者绿色政治理论，主张将自然与生态置于环境保护政策首要考量因素的环境议题智库，在环境问题解决的话语上选择倾向于人与自然关系的重新塑造。从总体上看，这些智库在理论上所根植的是一种深生态学的信条。所谓深生态学的信条，就意味着这类绿色智库在探讨环境问题解决的时候，首先考虑的是人与自然之间的关系是合理性的还是颠倒性这个根本问题，而不是求助于技术的帮助。深生态学从根本上拒斥那种人与自然是脱离的、隔断的断裂性认知，反对将人与自然机械二分的观点。比尔·德沃尔（Bill Devall）和乔治·塞申斯（George Sessions）认为深生态学理念下人与非人世界之间不存在本质的对立，"深生态学的主体是源于整体性，而非已经主宰了西方哲学的二元论"[①]。深生态学把自然和生态的优先性置于人之上，对于自然和生态危机的变革方法和路径上，集中在人类个体自觉的思维模式转化上。不仅如此，每个个体都需要通过重构自己对待自然的态度、价值观，以及日常的生活方式，以凸显对自然的尊重。在深生态学的视野下，"人并非高于或者外在于自然，人实际上是自然之中的一部分"[②]。深生态学认为，生态中的其他生物的价值不取决于人类。这种观点也被归结为生态中心主义之下的一个分支——生物平等主义。除了生物平等主义，生态伦理史上的美国学者奥尔多·利奥波德（Aldo Leopold）的大地伦理学说，澳大利亚学者彼得·辛格（Peter Singer）的动物权益论等理论形态或者环境话语都是具有的理论根源和生态价值基础的深生态学认知表象。深绿智库实际是以根本改变人自身对待自然的态度为基本认知，在具体政策上也表现出带有更多激进色彩的生态和环境保护倾向。

其三，所谓红绿智库，是那些坚信环境问题的产生有着更为深层次的不合理制度根源，是与资本主义生产与环境剥削的非正义性有着密不可分的联系的，

---

① Bill Devall, George Sessions, *Deep Ecology: Living as if Nature Mattered*, Salt Lake City, Utah: Gibbs M. Smith, 1985.

② Bill Devall, George Sessions, *Deep Ecology: Living as if Nature Mattered*, Salt Lake City, Utah: Gibbs M. Smith, 1985.

更倾向于主张通过彻底和根本改变深层的不合理和剥削的制度模式、解决社会不公现象以生成环境政策的绿色智库。红绿智库的生态理论或者价值观倾向可以概括为是其所依赖的一种生态社会主义或者生态马克思主义的理论思潮。生态社会主义认为，合理的人与自然关系实现的关键既不是从深绿的生态中心主义倾向出发的，也不能依赖浅绿的人类中心主义倾向，而是要向现存的资本主义政治经济制度宣战。生态社会主义在解决环境议题方面关注的核心问题是，克服和改革那些控制自然的外在制度障碍，在当代也就是根深蒂固的资本主义的制度体制。因而，依照这种生态社会主义的理论进路和价值取向，红绿智库的核心的生态伦理观上避免了生态中心主义与人类中心主义的二元对立，基本认为人与自然之间的相对关系是辩证的互动关系，强调任何一方的优先性都是一种片面的视角。在生态社会主义那里，人类社会与自然不能完全分离，人类的历史从一开始就是自然史，同时也是社会史。也正是在这个意义上，红绿智库并不排斥对技术和消费等因素的利用。他们认为，技术和消费等元素是构成社会生产活动的基本要素，也是一种工具性手段，实际上在包括社会主义制度在内的任何社会模式下都可以利用。但是利用这种工具手段的制度背景则是决定工具使用结果对环境影响的效果。也就是，在资本主义制度框架下，技术、分配和消费等同样屈服于资本的逻辑驱使，因而本质上是反生态的和非理性的。因此，只有实现结构性的根本制度改变，才能彻底消除危机。在理论话语上，生态社会主义其实也囊括了多元化的流派，包括以杰夫·沙茨（Jeff Shantz）为代表的绿色工联主义（Green Syndicalism），以默里·布克金为代表的社会生态学（Social Ecology）等理论都属于这种广义上的生态社会主义阵营。持有这种理论倾向和生态价值取向的智库所共有的显著特征体现在，主张从制度的结构性改革而实现社会的真正公平与正义，也就是根本上追求一种社会制度的替代模式。在这个意义上，红绿智库的具体政策主张在本质上都是服务于这个根本目的的。

从理论倾向与实际影响力之间的关联性上看，这三种维度的生态价值取向和理论倾向层面上的绿色智库不仅表现在所涉及的议题领域的差异，建立在具体环境政策走向的影响和塑造效果也并不一致。而这些表象的深层原因在于根据不同价值取向达成认同或者共识的群体之间形成其内部独特社会关系网络的过程和结果，价值取向所导致的路径或者外部条件的改变，决定了不同类型绿色智库的影响效果也并不一致。具体地说，拥有共同的生态价值与理论取向的决策者与绿色智库之间相比于和其他群体与组织更容易产生认同共鸣，这种共鸣积聚会逐渐上升和被塑造为体系化的政策共识，最终生成作为显性形态的环境政策或作为隐性形态的环境意识从而使智库政治影响得以实现。接下来，将分别从三种维度的生态价值与生态理论取向视角入手，分别对浅绿智库、深绿智库以及红绿智库从其内在认同的生态价值观念，自身的组织结构以及政策影响基础等方面的影响机制进行理论阐释与案例解读，进而揭示与比较不同绿色智库的影响路径及最终效果。

第三章　浅绿智库的主体、生态价值观与政策主张

从三种绿色智库的不同特点角度看，浅绿智库在一定意义上实际是在国际上数量和分布最为广泛、具有最大的影响力和最有效传播力的绿色智库组织形式。在浅绿智库内部其组成元素也具有丰富的多样性，最具代表性的主要是两种具体类型，即以面向环境政策研究定位的针对性研究中心与政府资助下的环境政策项目研究。尽管这两类浅绿色智库在组织结构、人员构成、现实议题和政策主张等诸多方面有着多样化的差别，不过这二者却具有一个非常鲜明的共同特质，即更偏向和依赖于政府和决策者利益趋同基础上以实现目标的最终达成。从浅绿智库所蕴含的生态价值理念入手，分析这类智库追求的基本议题主张和环境政策诉求。在本章中，对以具有代表意义的浅绿智库个案作为具体切入点进行细致解读，从基本主体、思想渊源以及具体的政策主张及执行情况等考察维度尝试解释和分析浅绿智库的影响策略和具体影响效力进行一个全方位的立体观察与理论分析。

第一节　浅绿智库的主体与组织架构

对于绿色智库或者智库这种组织形式而言，在很大程度上能够从其构成的基本主体以及主体内部的组织结构的分析中发现智库组织内在的本质特征和根本的利益诉求。在前文中所分析的三维生态价值和理论取向的构成主体规模而

言，在全球范围内由于主流的环境话语是建立在对技术与管理等现代化手段解决环境问题基础之上的，浅绿智库囊括和涵盖了来自于社会政策咨询和研究机构以及环境非政府组织等最广泛的研究人员与传播和影响受众。在这个意义上，笔者将在具体表现形式上将浅绿智库所呈现出的多元性表现形态进行深入分析，为全面研究的开展奠定基础。

一、主体构成

智库，实际上是作为一种以知识的政策化以及科学决策的大众化为最终使命和存在价值的组织模式。因而在组织形态上必然包含着极为多样的主体。在西方社会绿色智库的体系阵营内，应该说是浅绿智库构成了其中最基础的组成部分。尤其是那些为了解决和应对西方社会资本主义体制下环境难题和危机的环境咨询部门构成了浅绿智库的最大主体。具体而言，根据与决策核心部门的利益紧密程度，以及浅绿智库所分布组织层次，可以大致归结为以下几个层次：

其一，浅绿智库体系和框架内最具基础性和广泛性的主体组织形式当属当代西方资本主义国家的政府环境决策部门资助下的环境政策研究组织，也就是具有官方背景的浅绿智库。但是在其中也包括了相对较为纷繁多样的组成元素，具体表现在：一方面，由政府或环保部门等官方环境治理主体直接设立的、或者在其支持下成立的环境政策研究或者咨询机构天然地成为其中的主要部分，而另一方面，依靠政府资助的各种研究机构和研究项目因其资助来源于官方的单一性和政策研究取向的亲官方性，也不能从这个体系中排除出去。从其所根植的价值理念上看，政策研究组织所内在依赖与奉行的价值观与西方主流话语中发展主义的发展理念和环境保护理念常常是基本一致的。进一步看，从其与主流意识形态话语主题的一致性实际上反映的是这类浅绿智库内在的组织属性和特征，其中的多数组织实际是处于官方和半官方之间广大的“中间地带”，性质是介于二者之间的政策咨询组织形式。在这个意义上，就决定了这类浅绿智库最鲜明的特质是对国家环境政策与经济政策之间结合性和适用性研究的强调与重视。从范围的分布上看，相对其他组织模式的浅绿智库而言，官方体系的浅绿智库事实上分布更为广泛，国家或者地区官方环保部门下属的环境政策研究机构，都能够有效地被划分和类归到这一类型的浅绿智库体系。德国波茨坦气候影响研究所（The Potsdam Institute for Climate Impact Research，简称 PIK）是在德国联邦政府和波茨坦地方政府共同建立的环境议题智库。根据宾夕法尼亚大学智库研究中心 2018 年最新发布的《全球智库年度报告》中的研究结论与排名，其在环境议题领域智库中位列全球第一名，因而是在国际上具有较大影响力的绿色智库，其负责向德国联邦政府、世界银行以及政府间气候变化专家小组等组织机构提供与环境有关的趋势分析报告，在一定意义上也证明了其实际的政策影响力和科学可靠性。

其二，在浅绿智库内部存在的还有另外一种比较重要的类型则是对当下环境问题的研究提供理论和政策研究方向或者技术与应用研究方向的智库，比如大学或者研究院所的环境政策研究中心。这其中很多是环境政治学、环境社会学以及环境经济学的社会科学研究旨趣的智库，其中当然也不应该排除很多从事着环境自然科学研究的科学研究机构。在当下，大量具有应用前景的环境革命性技术研究项目与科研课题也是很多浅绿智库咨政建言的所必须依赖的科学话语根据和技术支撑。从其所倡导的议题性质看，这部分环境议题智库明显是属于浅绿智库体系内，但在另一方面，又由于其相比于其他的浅绿智库形式，通常是借助大学或者研究机构等学术组织作为载体的，因而在一定程度上又是对学术型智库学院化特点的融合与集成。就这部分智库所集中呈现的内部特质而言，所必须要强调的是，尽管学院化智库对可持续发展和绿色经济政策的关注倾向也非常显著和强烈，但是这些绿色智库更为鲜明的特色和重点在于其价值实现的最终达成在于理论创新或者技术革新成果向实践应用的转化环节。也即是说，虽然这部分浅绿色智库也同样期待环境政策能够实现向绿色化的转向，但在根本上其所追求的更多是研究成果的价值得到承认及其向实践的转化，而并不是局限在理论政策化转换的意义上。在这个方面，德国柏林自由大学下属的环境政策研究中心较为完整地反映了这种特点智库模式的基本特征。其重视对政策创新研究成果，强调利用各种解释范式的运用和整合梳理，以实现环境政策理论的突破与革新，将后现代思维方法创新性的加载到对当代世界现代化进程的思考过程中，其著称的“生态现代化理论”就是这种创造性结合的理论结晶得到了学术界认可的同时，也成为社会民主党与绿党红绿联盟执政历史时期的一个重要环境政策写入了两党的联盟宣言中，之后在事实上得到了基督教民主联盟政府的继续执行实现了政策延续。生态现代化理论与政策作为一种构建了政府、技术、管理三维互动的理论解释范式，实质上就是把浅绿的生态价值取向与环境政策理论话语结合的一个经典的范本，并且最终嵌入到了德国的政治生活中。

浅绿智库的内部构成主体实质上是非常多元化的，除了政府相关的政策建议组织之外，还有一种重要的类型是关注环境和气候变化，并且坚持技术乐观主义态度的社区性环境非政府组织。这种更贴近民众生活，也更贴近微观层面环境政策的浅绿智库很多是以环境非政府组织的形式存在于环境议题领域的。社区性的浅绿智库组织尤为关注环境改善将对人们生活质量产生的现实意义，希冀在维持资本主义的体制框架基础上，能在不改变人们现有生产方式、生活模式以及消费方式的前提下，通过推进环境政策的科学化，逐渐使人们的生活方式向更合生态的方向或趋势发展与改善。这类智库组织在分布范围上非常广泛，由于本土化的特点更能贴近社区具体情况和人们的日常生活，因而也能采取更为灵活多样的影响模式更细致和精准地推动人们环境意识的实质性提升。比如，社区组织中倡导民众节能减排、购买环保标签的消费品等具体环境保护工作的环境社区性组织。在美国，社会中就广泛存在着这类活跃在社区层面的环境智库。在这个方面，成立于2007年的洛斯阿尔托斯绿色城镇组织（Green Town Los Altos）就是典型的代表。由洛斯阿尔托斯的部分居民最先发起的，旨在保护洛斯阿尔托斯附近山脉的草根社区环保组织，与民间基金会建立起的资助与合作关系基础之上开展多层面致力于实现区域可持续的具体性工作。其主要的工作主要集中在三个基本的层面，也就是其主要负责倡导的“3W”项目：第一个层面是水资源即WATER，主要是促进提升健康水资源获取渠道与对水资源的保护与节约项目；第二个层面是废物利用即WASTE，包括促进社区成员对废品的回收使用率，以及确保不可回收废弃物的合理放置；第三个层面则是能源即WATTS，也就是推进绿色能源的使用，以及合理使用能源。[①] 还

① Green Town Losaltos，http：//greentownlosaltos. org/about/vision-and-mission/.

有位于加利福尼亚州伯林盖姆市的公民环境委员会（Citizens Environmental Council，简称CEC）也是这样的社区性环境智库。根据了解其官方网站的公告信息可以发现，公民环境委员会是一个致力于帮助社区居民生活得更加合乎自然和生态规律。[①] 这些都是生活在社区中人们日常与环境保护最相关的活动，并且能够从细节改善整个社区乃至社会的环境行动与环境政策。在公民环境委员会2018年初为本年度制定的活动计划中，将避免食物浪费活动、日常生活中的炭清洁技术讲座以及人造产品的污染性讲座等列为年度热门话题和关注[②]。从这些方面可以明显看出，社区型浅绿智库的作用与官方的浅绿智库相比，并不是微不足道的，而在实际上更多地从生活的细节入手改变人们的生活方式。

浅绿智库功能的发挥在很大程度上是得益于其对当下现实的政治生活中主流环境话语的顺应、掌握与推动。如果将其放置在更广阔的空间视野层面，或者说在国际视野，相比于其他类型的绿色智库，浅绿智库在世界范围广泛的受众，也有着更为得天独厚的国际合作优势。一些浅绿智库业已形成了独特的跨国性的组织合作网络构架。浅绿智库跨国化发展的一个重要表象在于其已经形成了广泛的国际性的框架协议和国际性的环境非政府组织。在其中最主要的组成部分就是跨国性的环境非政府组织。这些组织的跨国合作方式也采取了不同的路径，其一是不同地区相似背景与组织结构的研究部门之间的国际性联合路径也就是自下而上的联合模式。这种路径模式下，"生态研究所"（Ecological Institute，简称EI）正是从地理空间上实现国际性扩展和组织联合的一个具体范例。生态研究所最初是1995年在德国的首都柏林成立的，因此柏林作为研究所的中心机构所在地也一直发挥着联络与调度的关键性作用。为了更好地实现生态研究所在国际性环境领域发挥的作用，在2001年和2007年其分别在比利时的首都布鲁塞尔和奥地利的首都维也纳也成立了地区性智库组织。从组织的性质和运作模式来看，作为智库机构，其是不以营利为目的而存在的，关注的领域涉及与环境问题相关的应用研究、政策分析以及为政府和企业提供咨询

---

① Burlingame Citizens Environmental Council，http：//www. burlingamecec. org/.

② http：//www. cecburlingame. com/wp-content/uploads/2016/02/CEC-flyer－2016_standard-flyer. pdf.

服务等多渠道的影响方式。同时，生态研究所在美国华盛顿还设立了一个独立的美国公共慈善机构作为分支形式。其在本质上定位为非政府与非党派的第三方组织，致力于为生态环境政策和可持续发展生成、塑造与培育新鲜的理念和实践。生态研究所的工作计划涵盖了环境问题的整个过程。尽管规模与其他缘起于美国的浅绿智库相比，组织规模仍然相对弱小，在发展的时序进程上也相对更为晚近。尽管如此，在宾夕法尼亚智库研究中心发布的2018版《全球智库排名》中，生态研究所紧随同样是作为发源于德国的浅绿智库——波茨坦气候影响研究所其后，位列第七位，成为前十位中唯一的两所来自德国的环境议题智库。这当然也可以从一个侧面作为印证其国际影响力的一个证据，但是也反映了其内部原因的复杂性与矛盾。生态研究所的主要创立者，安德烈·科海莫（Andreas Kraemer）是这样理解和诠释的：

> 从根本上而言，造成这个现象的原因显然是非常多元化的。一方面，由于这是一个来自美国本土的智库排名体系，由于理解语境和宏观背景的不同，其中必然会对美国或者加拿大的环境智库有着惯性的偏爱，而生态研究所的超国家性质，为其在排名中脱颖而出从另一个角度而言也是极大的优势。①

科海莫的判断表达了对德国浅绿智库在未来发展远景的笃定与自信态度，也从一个侧面在一定程度上呈现出浅绿智库自身对于目前世界智库影响力排名的重视与强调程度。而由此我们也能够进一步推断，环境议题智库的国际性对影响力以及未来发展走势的影响是至关重要的。

与此同时，在国际化的浅绿智库组织的具体发展趋势中还存在另一种不同的路径。从总体的趋向上看，这是一种自上而下的线性发展路径；就组织的具体扩散情况而言，这种路径表现在由在国际层面的智库总部组织向其他不同地区或者国家的伞状的蔓延式地扩散与空间拓展。世界资源研究所（World Resource

---

① How does a Think Tank make it into the top 10 globally ranked Environmental Think Tanks? ——Insights from Ecologic Institute, Berlin, http://www.energy-conference.org/4045.

Institute，简称 WRI）则是这个路径的典型性个案。世界资源研究所从地理空间上起源于美国，却是已经在世界版图上占据非常重要地位的浅绿色彩的环境问题智库。2001 年，世界资源研究所承担与负责了一项由联合国发起并开展的千年生态系统评估项目。这是一个由联合环境规划署、世界卫生组织和世界银行等国际组织合作推进的评估项目。由于与联合国生态议题的多重性交互性的联系，世界资源研究所在具体操作层面是配合着联合国的议题设置在全球开展合作的。因此，作为一个绿色智库组织，世界资源研究所在发展的过程中从一个独立的民间组织逐渐发展为一个半官方的绿色智库，并且在国际上也收获了不小的影响力和话语空间。另一个知名的案例是国际可持续发展研究所（International Institute for Sustainable Development，简称 IISD）。作为一个国际性的环境议题智库，其最初是一个聚合了加拿大、美国的许多环境具体技术或者政策研究人员，基本构成了一个较为完整的浅绿色智库组织。随着不断拓展的政治影响和不断壮大的组织结构，其所关注的议题主题不断扩展，与此相应的其影响范围也在进一步拓宽，将环境议题讨论业务扩展到了发展中国家特别是关注中国的环境问题问题。

二、组织架构特点

由于浅绿智库基本上接纳了现代性的浸染，在一定程度上延续了西方主流的发展理念和生态保护观念，因而其在国际环境政策领域得到了相比于其他绿色智库更为广泛的政治影响效力与施展空间，因而也在组织发展上呈现出最为复杂的结构性特征与多样性的景象。因此，我们可以通过对以上集中浅绿智库基本归类的大致归设和具体轮廓的厘清。尽管各种具体形式的浅绿智库拥有着不同的特质，但是仍然可以发现浅绿智库的组织结构中存在的相似或者相近的共同元素。通过将这些共同元素在逻辑向度上进行进一步的区分，我们可以从资助倾向、成员形象、组织模式等几个向度浅绿智库的基本特质：

首先，就浅绿智库资助的主要来源而言，浅绿智库的运转首先在很大程度上是依赖于政府的资金支持。除此之外，浅绿智库还有积极吸收来自持有相似的环境主张与价值认同企业以及社会团体的资助。在当代社会，政府的资助依然是大多数智库实现发展所依赖的重要物质基础。从另一方面看，能否获得政府的财政补贴也是智库对自身倡导的议题话语模式和政策取向是否得到官方或者说是主流政策话语认可与确证的重要依据。西方国家的浅绿智库，尤其是在那些政府官方设立的环境议题智库或者与政府存在密切的合作关系的浅绿智库中，来自政府的资助对其环境议题从倡议到实施的整体路径影响也愈加显著。由于浅绿智库的环境议题的“浅色”程度大多没有阻碍到企业自身或者整个产业的发展，反而与企业在生态技术创新的关联性更为紧密和更具建设性。因而，其能够更容易得到来自企业的具体技术与资金支持。从根本上说，这仍然是浅绿智库的议题性质与意识形态色彩为其带来的“政策红利”。而这种资助结构也反过来固化或者强化了浅绿智库对官方话语的依赖程度内在特质，进一步主导了浅绿智库对政策议题的研究方向与趋势判断。

其次，从内部成员的具体特质来说，浅绿智库的组成人员在政治倾向上具有相对较少的政治激进色彩，表现在思维方式与理念追求上则为合乎西方主流生态价值的取向。从根本上而言，这是由于浅绿智库中的成员主要是专业技术人员或科研人员、政府的工作人员，以及热衷于环保活动或者推崇环保生活理念的人士。他们更愿意从当前稳定的社会结构与环境发展态势的认知基础上针对环境问题的解决而建言献策。因此，尽管这部分人员之间虽然具有完全不同的职业背景与话语情境，分布的领域层次差距显著并呈现多元化的趋势，但是总体看来其具有一个相对明确的整体形象，即是一些与政府官方立场保持一致认同的人员。因而，在这个意义上，浅绿智库及其内部成员的现代主义的浅绿形象就建立起来了。

再次，从运行模式的角度看，浅绿智库的整体活动策略是渐进的与温和的，在具体的运行机制体制的表现上是多样化的。尽管浅绿智库范围包含了从政府官方智库到作为“第三部门”的环境非政府组织等跨度巨大差异明显的构成元素，但是在运行机制上，浅绿智库却对外共同遵循着一种温和的和对话式的活动与影响策略。而内部的运行方式上，官方智库是体系化和有序化的组织方式，而非政府组织的多样性特质表现尤为鲜明。具体而言，一方面，由于浅绿智库与官方决策机构之间是一种相互依赖的密切互动关系，智库的精英成员往往也能够有更多的机会和更便利的条件通过官方或者私人交流渠道对决策者的环境政策有针对性地施加决策建议与决策影响。与此同时，浅绿智库由于环境议题并没有非常激进的目标，因此也更倾向于以温和的交互方式与决策者进行对话。而在另一方面，在组织上，浅绿智库由于很多是从正式的组织或者非政府组织中逐渐独立和成长起来的，组织分工与结构具有完整性与系统性的重要特点。一般而言，那些从属于政府机构的智库在机构设置上与政府组织是平行的，内部分工清晰明确。而由于非政府组织中从全球性的到社区性的组织机构形态在纵向组织规模和影响力的内部分化却非常明显，在组织结构上正式和非正式的组织方式也相应呈现更多的多样性特质。

第二节　浅绿智库的生态价值理念

从其所从属的理论性质而言，绿色思想根本上是从属于后现代主义思想体系的，但是在内部又由于受到多种因素的不同程度影响形成了如前文所介绍的不同的具体表现形态。在上一章中，笔者通过对绿色智库的不同生态价值取向的比较性观察和解析，实质上已大概勾勒和描绘出了不同维度生态价值取向的绿色智库的基本框架和大体形象。而要进一步深入地了解和剖析这三种绿色智库最本质的异质性根源，则需要从更为根本性的和更能呈现与表征其内在差异的生态价值观维度入手进行解构与综合分析。这是由于，生态价值观不仅是在根本的价值观上的集中体现，也是建构不同绿色智库分析所首先参照与借助的一个重要指标。简单地说，绿色智库本质是汇集智识人士与智力资源的机构，智库成员所根本依赖和支持的生态思想价值就蕴含着生态意识和生态认知。在本章中，笔者将通过引入建立在自然观、科技观、消费观与发展观等生态价值观元素与影响因子基础上的比较分析，对不同生态价值取向的绿色智库内在根植的生态价值观进行考察和解读，呈现与展示三种绿色智库本质的差异性。

从字面意义上看，浅绿和深绿智库之间更容易使人们联想二者之间相对的差别关系，而事实上二者也不仅仅是在生态价值取向深浅程度区别的意义上存在和界分的。浅绿与深绿分别呈现和反映了人类中心主义与非人类中心主义的生态立场之争。然而，之所以将其界定为浅绿智库，是因为这类智库的深层价值追求并不是聚焦于生态环境的根本性与彻底性的改善，而是以边缘化的环境改良作为中介性的工具或环节暂时改善和调整人与自然的相处方式以及关系。人类中心主义坚持“人是自然界中唯一拥有理性的存在物，这种理性使人自在地就是一种目的，自在地具有内在价值，因而伦理或者道德只是人类社会生活的专利，是专门调节人与人之间关系的规范”①。这当然并不意味着浅绿智库没有丝毫改善环境的价值追求，而是从其根本目的和终极价值追求而言，其作用的发挥是为了维持和保证现有人类社会的发展速度与状态。

但是从一定程度上而言，具有不同组织性质的浅绿智库所认同的生态价值观在根本上具有同质性的特点，即都以“浅生态学”的价值观基础，也即是主要继承和依赖的是生态资本主义的思想资源。具体来看，则包括以下几个相通的基本特质。

一、自然观：人类中心主义

从最基本的意义上而言，生态伦理观中作为本体论的部分就是自然观问题，或者说就是人与自然之间的根本地位关系问题。这是因为自然观问题不仅最直接地概括和凝聚了人与自然之间基本的主客体互动关系，也体现和反映出人们对人与自然之间的互动关系的深层认知。

浅绿智库的生态价值观从根源上默认、迎合与秉持了人类在人与自然之间互动关系中的绝对主体地位的理念，或者说是接受了浅生态学的基本观点，其认为自然是从属于人类的次级系统，人类作为高智能的生物对自然界完全是支配的态度和利用的工具关系。代表了环境伦理领域权威的美国学者霍尔姆斯·罗尔斯顿将这种观点概括为：“人与自然环境关系的一个显著的特点是，自然对于人类的多用性。”② 浅绿智库所固守的这种生态伦理观模式，用凯文·德拉普（Kevin Delapp）的话语可以简单描述和概括为是“一种绿色道德的现实

① 曹孟勤：《人性与自然：生态伦理哲学基础反思》，南京师范大学出版社2006年版，第21页。

② ［美］霍尔姆斯·罗尔斯顿：《环境伦理学：大自然的价值以及人对大自然的义务》，杨通进译，中国社会科学出版社2000年版，第2页。

主义形式”①。他进一步从其对人类主宰环境话语与道德现实主义的同质性理解对这个问题进行了具体的阐释和论证，德拉普认为这种观念“一方面以各种道德性的话语模式描述和回应了外在日益凸显的环境问题，而在另一方面，却从现实性的意义上将自然完全从属于人类的行动能力”②。这种概括在很大程度上凝聚了浅绿智库所内置与根植的生态伦理观念体系的两个基本方面与根本特质。

而在另一方面，从环境和生态对人类社会稳定发展的意义而言，浅绿智库对人类在人与自然关系中的主导地位强调，并不意味着其否认自然环境与生态系统对人类发展的先在性与条件性价值。恰恰相反，事实上自然生态的存在与健康状态对于人类社会长远发展的重要性也正是浅绿智库生态伦理观首先承认的预设性的生态价值观。浅绿智库对当代世界出现的环境问题与生态危机动态保持着持续的价值关切，同时也对环境污染生态破坏对人类整体造成的损害保持着深切的担心和忧虑。

从总体上，人类的根本利益是浅绿智库生态伦理观在思考如何处理人与自然关系问题所坚持的基本逻辑起点与前提。从浅绿智库根植的生态伦理的逻辑终点而言，人类的根本利益同时也依然是其所捍卫的终极归宿与最终指向。即便是浅绿智库的生态价值观在事实上承认了自然有序发展对人类生产发展的极端重要性，也并不意味着其是以保护自然作为根本的价值追求或者意识导向的。毫无例外的是，对于浅绿智库而言，其根本的价值追求与所遵循的首要生态逻辑仍然是为了实现人类以及人类社会的稳态发展和根本利益。自然与环境的保护只是为人类所用，达到人类社会发展的工具手段与所需创造的客观条件。在这个意义上，我们可以对浅绿智库的自然观进行提炼性的概括，即人类社会的健康持续发展既是浅绿智库生态伦理的逻辑起点也是其终点。一方面，浅绿智库事实上在生态价值观的选择面前显然最终站在了人类中心主义的身后。而另一方面，浅绿智库的生态伦理观也基本上继承和沿袭了人类中心主义

① Kevin Delapp, “The View From Somewhere: Anthropocentrism in Metaethics”, in Rob Boddice, *Anthropocentrism: Humans, Animals, Environments*, BRILL, July 14, 2011, p. 37.

② Kevin Delapp, “The View From Somewhere: Anthropocentrism in Metaethics”, in Rob Boddice, *Anthropocentrism: Humans, Animals, Environments*, BRILL, July 14, 2011, p. 38.

生态观的理念衣钵。在处理、调适和建构人与自然的关系时，首先是从人类的立场、角度、价值、视域与关系网络出发的。

人类中心主义的生态价值观是从维护人类发展的终极利益出发的，其生态价值理念往往能够保证决策阶层的利益又能在基本层面回应与满足人们的现实环境诉求，从而影响与收获了广大忠实的信徒与受众，逐渐成为当代社会主流的生态价值理念，也构成浅绿智库的生态价值观的重要思想来源。尽管如此，人类中心主义在实际上依然是一个对某种环境伦理观念体系内部同质因素一般性概括的统称，其内在价值观上蕴含着极其丰富的多样性。尤其是在人类中心主义在遭遇了质疑和诘难之后，浅绿智库以及整个浅绿阵营走向了一种新的生态伦理模式——现代人类中心主义。从其本质而言，现代人类中心主义通过对人与自然关系及话语的转换和调整，开始采取一种更为理性的方式处理生态问题。

二、生产观：发展主义主导下的“绿色经济”

发现社会生产存在增长的极限的社会规律，是人类在发展观念上的一次重要的思想和认知调整，也是浅绿色彩的智库在生产观和消费观上所依赖的基本理念。尽管如此，由于浅绿智库的生产观和消费观背后依然根植的是与人类中心主义自然观相适的生产观以及资本主义世界保留的现代性传统。浅绿智库认为，现代化工业生产与环境的可持续性之间不是完全排斥和对立的关系，而是在一定条件下可以互为条件与基础，也是人类未来发展所必须依靠的两种动力。这种生产观的具体表象主要集中地体现在新自由主义经济的稳态生产与理性消费价值理念上。

一方面，浅绿的生态价值观认为物质生产与环境保护之间并没有根本性的矛盾。因而，在面对如何处理环境与社会生产之间关系的问题上，浅绿的生态价值观基本投入了新自由主义理念的怀抱，或者说是一种新自由主义经济的绿色转向。这更多是由于资本主义社会生产与自然环境的矛盾关系阻碍了资本主义现代性魔法的进一步施展。在新自由主义的框架内寻求环境解决方案，事实上是将实现社会生产效率和利润最大化作为保护环境的初衷与归宿。因而在这个意义上，浅绿智库并不反对和排斥规模的可持续的社会生产。工业化以及现代化是浅绿生态价值取向所依赖的生态资本主义道路模式的外在化显现形式。具体而言，在浅绿智库的认知里，工业化是人类社会发展进步的重要物质尺度和指标，也是环境问题顺利与和谐解决的基础性前提；现代化是经济发展的引擎和动力，也是环境问题处理和预防所依赖的真正硬实力。环境问题的解决从另一方面也是力图在更好更优化的状态下实现资本主义在新自由主义理念下的经济增长目标。比如英国学者大卫·皮尔斯（David Pearce）在《绿色经济蓝图》中把这种认知表述得非常明确，他认为“环境必须被看作是有价值的，是人类福利的经常性和基本的投入”。①

然而在另一方面，作为吸收了当代绿色思潮影响的政策咨询机构，浅绿智库的主张也并不是对工业化时代盛行的生产主义理念全盘照收，实际上进行了有所选择的绿色过滤。浅绿生态价值观认为人类社会的生产需求不能盲目无序地扩张。人类的经济发展与环境状态维持的兼容性事实上也存在某种程度上的阈值或者限度。在这个阈值或者限度的安全范围内，适度稳定的经济发展与增长是与环境相容的甚至是对生态环境有益的；然而，如若超过了这个阈值或者限度的界限，则会损害和瓦解人与生态环境之间和谐共生的稳定状态。浅绿的生态价值观所坚持的这种理念实际上是对以可持续发展为代表的绿色资本主义的一种理念继承与价值延续。在当下已然深入人心的可持续发展理念是最能代表绿色资本主义生态价值取向的“绿色显学”。1987 年，在第八次世界环境与发展委员会上通过的《我们共同的未来》报告，将可持续发展从一种全新的价值理念讨论迅速冲击人类的思维，并极速地席卷和洗礼了整个世界的生态价值理念。可持续发展经历了三十多年的发展演变，在当下日益演变成为一种较为容易接受的主流生态理念，并在内部衍生出丰富的多样性。比如现在主流的“绿色经济”“绿色发展”等理念都是浅绿智库所认同的价值观。

就浅绿的生态价值观在面对社会变革的选择时的态度而言，其显然是逃避了直面生产方式的变革性路径，转而选择了一条带有折中主义色彩的路向。以

① ［英］大卫·皮尔斯等：《绿色经济蓝图》，何晓军译，北京师范大学出版社 1996 年版，第 3 页。

倡议的“绿色经济”生产方式暂时性地调和了人与自然的矛盾，逃离了资本主义生产方式与生态环境之间的固有的生态环境矛盾的纠结境地。

三、技术观：工具主义的技术乐观主义

技术的发展对于人类历史发展的命运而言到底作用如何？这就涉及技术观的问题。技术的实际意义是作为手段和工具还是改变人类社会发展轨迹的根本与目的的立场问题，这也构成了技术观的基本问题。在技术观层面的异见和分歧也是绿色生态意识出现分化的一个非常重要的评价与参照因素。

当代环境价值观在关于技术问题的争论有两种截然不同的论调，即技术乐观主义和技术悲观主义倾向。这是一个关系到“技术哲学和技术反思的重要问题”①。具体而言，前者相信技术带来的乐观前景，认为技术会成为人类社会美好图景的基础性和中介性手段；而悲观主义的技术观则恰恰相反，其对现代科技带来的复杂效果尤其是环境伦理副作用充满了隐隐的担忧。浅绿智库的技术观显然承袭了技术乐观主义的血液，甚至在一定程度上说，浅绿智库的技术观凸显鲜明的技术决定论色彩。在事实上，技术乐观主义的渊薮由来已久。这种观念在古希腊就已经流传，从亚里士多德对智慧的意义与价值的强调，到近代来自培根对知识和技术的推崇。在人类不断地品尝到了科技进步所陈酿的香醇美酒之后，技术的力量也相应地不断得到彰显与深刻认知。罗波尔（G. Ropol）从其最本质的价值立场出发归纳了技术乐观主义的一般特征：“技术的发展不依赖于外部因素，技术作为社会变迁的动力决定、支配人类精神和社会的状况。”② 在技术乐观主义的视野内，科学技术的发展代表了人类智慧的最高成就，汇聚了最为高效的和强力的人类社会发展潜能。

当浅绿智库考虑对待和讨论现代科技与当代环境问题的关系问题时，往往对现代科技手段所持有的态度首先是接受与依赖。如果从与生态价值观紧密相关的环境伦理向度透视，浅绿智库显然也是吸收和承继了人类中心主义对现代

---

① 吴国盛：《技术作为存在论差异》，见朱葆伟、赵建军主编《技术的哲学追问》，中国社会科学出版社 2012 年版，第 149 页。

② 转引自许良：《技术哲学》，复旦大学出版社 2005 年版，第 209 页。

科学技术的乐观主义倾向。这种技术观的直接表现就是浅绿智库偏爱与依赖借助现代科学技术在环境与社会问题的解决。可以说，浅绿智库所接纳的本质上是一种现代主义意义上的技术观。这种技术观所构建的根本理念来自作为人类现代化发展进程中智慧成果凝聚形式的现代科学技术及其应用，在人类的社会经济发展的历史和现状中正在起着越来越重要的作用。与此同时，科学技术也是人类面对未来发展与进一步解决现代化发展问题所值得依赖的智力资源与工具手段。因此，建立在这样的理论设定条件下，浅绿智库在事实上也承认当前技术发展水平状态下，一些发展并不成熟的新兴技术或者由于操作方式方法的不够严谨导致技术手段所出现缺陷和问题也确实存在。深绿智库也意识到某些技术手段在一定程度上确实也导致或者加剧了当代的生态风险与环境问题。只不过在浅绿智库的普遍认知中，这些现象只是技术在发展过程中遭遇问题的暂时表象，并不是科学技术的本质性缺陷。

因而，建立在对现代科技的乐观主义价值选择基础上，浅绿智库更倾向于选择继续信任和依靠现代科学技术的发展与更新以解决包括环境问题在内的现代性问题。浅绿智库更愿意相信，更深入和更全面的技术发展可以无所不包地弥补和解决一切人类社会发展过程中出现的技术缺陷与包括环境问题在内的各种经济问题，能够足够高效地帮助人们获得美好的发展图景。浅生态学更倾向于相信技术的强大作用，“地球资源属于那些有技术开发能力的人；相信资源不会耗尽。当资源稀缺时，通过技术进步会找到替代品”①。简单地看，浅绿智库所支持和倡导的是一种带有鲜明技术决定论意味的技术乐观主义。由于这种理念非常接近决策者所认同的科技观而更易于获得权威机关的政治支持。因为科学技术不仅能为环境问题的解决提供“灵丹妙药”似的解决方案，还可以化解经济社会发展的困境和局限，从而消解大众对其环境政策决策与管理治理合法性产生的批判和质疑。

简单地说，对于技术的乐观主义态度表现在浅绿智库更善于从科学技术对人类的“善”的价值和意义出发看待未来环境问题的前景。具体地看，在浅绿智库的价值体系内，科学技术的发展不仅是现代主义进程不可或缺的重要动

---

① 章海荣：《生命伦理与生态美学》，复旦大学出版社2006年版，第210页。

力机制，也是人类解决与排除前进道路上问题和阻碍的助手和工具。浅绿智库显然更愿意相信，随着科学技术对环境的进步作用的凸显，人类不仅会妥善解决当下挑战人类科技现实的环境问题，人类还会借助科技所创造的现代化工具革新，与自然生态在和谐、适宜的状态下互动共生。

四、消费观：绿色消费主义

总体上而言，在浅绿智库的视野范围下，合理适度的消费水平可以促进和刺激社会生产的健康持续，而同时又可以在不威胁环境和生态的现有分解与自净能力的前提下一定程度上提升和加强环境保护的物质基础。因而在浅绿智库的消费观的视域内，符合生态的消费习惯和消费理念不仅不会对生态环境造成损害，反而可以在宏观的社会生态中培育、引导和提升大众的绿色意识与环保态度。

首先，从消费观的自然观基础看，浅绿智库的消费观全面地呈现了人类中心主义的生态价值理念。在浅绿智库的价值体系中，满足人类基本的物质需求，以及在物质需求基础上的多样性的社会需求是人类实现自身全方位价值的重要参考维度，也是构成人类生存发展基础的具体呈现。在最早为绿色经济的未来前景描绘了三部具体蓝图的大卫·皮尔斯（David Pearce）看来，按照经济学家的解释，所谓可持续发展实际上是人均消费、或国民生产总值（GNP）、或是不论什么达成共识的发展指标要持续增长，或至少不能下降的经济发展模式。[①] 这种观点显然是从精确核算的经济指标和经济主义的视角出发对可持续发展的基本归纳和界定的，却在实质上是可持续发展观念背后对工业生产的总体反映与现实隐喻。因而，在这种观念的支配和主导下，自然环境对人类而言，一方面不仅意味着是人类赖以生存和依赖的家园，同时也意味着对人类实现提升绿色生活水平具有物质价值的来源，甚至还能从引导人们的消费理念和消费方式维度培育人们的绿色理念。

其次，从消费观的历史来源角度看，浅绿智库的消费观更多的是受到了在资本主义社会盛行的消费主义文化的熏染和影响。消费主义是鼓励和刺激对大

---

① David Pearce, *Blueprint 3: Measuring Sustainable Development*, London: Earhscan, 1993, p. 8.

量商品和服务消费不断增加消费的一种社会和经济秩序和意识形态。[①] 事实上，消费社会从根本上而言是现代资本主义社会消费文化不断演变的历史性结果与附加性产物。当然，这种演变的趋向并不是乐观的积极的前进性发展；然而恰恰相反，其消极地影响和改变了资本主义体制下人们的消费习惯与价值选择。如此一来，消费成为了除剥削性生产之外，资本主义进行资本积累和利润攫取的另一种必要的工具性手段，也成为人们确证自身身份的附加性的实现条件和基础。浅绿智库承认，甚至在一定程度上依赖这种消费主义的消费理念和经济行为，但是又从生态利益绿色视角试图对其进行重思与重构，从而期望在一定限度内实现消费的扩张与生态平衡和环境保护阈值的一种理想化平衡状态。因而，如果要对浅绿智库倡导"绿色消费"的理念从核心价值观上进行概括性定位，那就是其既接受了资本主义所炮制的消费主义理念，又在一定程度上试图坚持和维持其"绿色生态"的主张和标签，在实际上能在一定范围内弥合消费主义价值观与生态环境之间的鸿沟与缺憾。

不过，即使是拥护生态资本主义的浅绿的生态价值理念，在很大程度上也察觉和意识到了资本主义自由市场在造成生态危机中所扮演的角色。尤其是在资本主义价值充分渗透的地区，自由市场与其内置的自私自利原则基本上与生态环境的恶化遵循了同样的演进轨迹。只不过浅绿的生态价值依然愿意选择对资本主义制度和消费文化的依赖与继承，依然寄希望于资本主义通过内部的机制体制的重新调整实现生态上的变化与革新使资本主义冲出生态危机的重重障碍。

第三节　浅绿智库的政策主张

从整个世界的环境政策的执行现实情况而言，在过去几十年浅绿智库所主张的环境政策的影响力在西方社会尤其是资本主义国家中已经得到了全方位的

---

① Ryan Jenkins, Deen K. Chatterjee (ed.), *Encyclopedia of Global Justice*, Springer, 12 January 2012, p. 1234.

表现与施展。目前来看，浅绿智库在绿色智库的政策影响版图上占据着非常广阔的领地。浅绿智库环境政策的基本主张，笔者将从经济、政治、社会三个在国家政策中紧密相关的维度进行分别阐述。

一、经济政策：新自由主义经济的绿化

从根本上说，浅绿智库在经济上推行的是新自由主义的政策。新自由主义作为一种政治和经济思潮，是西方资本主义体制国家在20世纪极为信赖和依靠的，尽管在新自由主义控制的时空中，资本主义世界体系中也经历了数次严重程度不同的经济或者金融危机，资本主义体系内的经济也遭受了不同程度的重创，但是即使如此，新自由主义仍然没有在危机中资本主义的经济政策领域撤退，而是加大了对具体制度的及时调整，不断地试图将影响力进一步蔓延到不同的议题领域，包括环境政策领域。其中的原因在于新自由主义作为一种集资本主义经济发展设计理念与政治意识形态为一体的思维体系，在其盛行的资本主义历史空间中对资本主义的影响已经深入肌理，几乎所有的社会问题包括环境问题的解决无法避免地带有这种意识形态的基本特点。正如戴夫·汤克（Dave Toke）在《绿色政治与新自由主义》中指出的，“新自由主义的环境话语实质上既是为了照应社会不断增加的中产阶级的利益，也能够不断地增加社会经济发展的创造力。”① 而从其所服务阶层的根本利益上来看，新自由主义的环境政策是为资本主义社会中最大多数的既得利益者的经济利益服务的。从根本上看，新自由主义表现在经济政策领域的特征是排斥政府调控，主张市场自由化、财产私有化。具体来看，在新自由主义意识形态的影响下，浅绿生态价值取向的环境智库在经济政策的影响倾向呈现着以下的特点：一是新自由主义极为推崇和捍卫资本主义自由竞争精神和市场运行规则，环境问题的解决更多的是寄希望于通过单纯的市场机制的调节和修正作用。另一方面，新自由主义作为一种极具个人主义倾向的思想理念，又极为倡导资本主义制度对“经济人”的尊重，因此在维持整个社会自由主义资本主义经济和分配制度的现状的前提下，浅绿智库只能从具体政策上尝试对社会经济生产结构和消费模式

① Dave Toke, *Green Politcs and Neo-liberalism*, Macmillan Press LTD, p. 81.

进行微调及细枝末节的改革。

首先，浅绿智库的经济主张在很大程度上是新自由主义理念具体政策性的继承和改革。经济结构调整的重要性从经合组织（OECD）倡导的“绿色发展”到联合国环境规划署（UNEP）提议的“绿色经济”理念，都可以得到充分体现。这种从经济结构调整入手的环境政策方法无论名称如何变化，实际上都是希冀实现经济与生态的双向互动与促进过程。在具体的实现手段上，浅绿智库的主张不仅主张提高资源利用率，还倡导包括清洁生产以及“碳定价”“碳回收”等“去碳化”（Decarbonization）的具有高度可操作性的举措与主张。而作为德国的环境政策核心，也是柏林自由大学环境政策研究中心前主任马丁·耶内克所首先提出与论证的生态现代化策略，就是从环境与经济的互相促进角度提出倡议将环境产业作为一项重要的产业进行优先发展，旨在将经济的发展从环境的束缚中解脱出来，以实现经济效益与环境效益二者的平衡。[①]生态现代化的议题设想在社会民主党与绿党的联盟时期被成功写入了两党的“联盟协议”这种纲领性文件中，已经部分地成为德国以及其他国家正在执行的现实环境政策。当然就目前现实的情况来看，这些具备高度可行性与可操作性，而且也无碍于经济发展总体趋势的倡议大多都得到了全球各国决策者的接受甚至是切实的推行。

其二，与其环境价值理念中蕴含的技术乐观主义相一致，浅绿智库一般在经济政策上呈现出一种明显的工具主义倾向，即对环境技术效用的依赖和偏重，希望通过技术革新有效地提高资源利用率。浅绿智库主张依靠能源技术的变革与创新以改进与优化能源结构，同时也能推动清洁能源技术在产业化、商业化与国际化的运作和发展。其坚信生态革新技术不仅能作为具体的绿色技术成果使资本主义国家摆脱对环境污染的滞后调控效应，还能作为未来发展的产业趋势进一步增强经济活力与国际竞争力。在宾夕法尼亚州立大学智库排名项目中表现突出的美国浅绿智库——皮尤全球气候变化中心（Pew Center on Global Climate Change）就是积极推动环境技术优势作为经济发展新型动

---

① ［德］马丁·耶内克、克劳斯·雅各布：《全球视野下的环境管治：生态与政治现代化的新方法》，山东大学出版社 2012 年版，第 22 页。

力的浅绿智库，其所进行研究的主要政策关注焦点是将环境产业作为国际产业竞争中取胜的关键和突破口。

其三，浅绿智库主张以生态保护为导向的消费或者税收政策，引导社会消费习惯与消费偏好向着合生态化的方向转向。浅绿智库宣称，经济政策不能忽视整个社会生产的终端环节也是重要的环节——消费领域，主张从消费环节入手改善整个经济运行阶段与生态的矛盾性提供相应的解决方案。这些措施是与消费者的物质利益赋税程度直接挂钩的，也就是浅绿智库希望通过对消费者在商品购买中不同生态成本商品价格的差别化实现一种导向性的生态消费模式。包括产品的环保检测标志认证、商品“生态标签”以及生态税收等具体多样的经济手段是浅绿智库在消费领域倡导的政策主张。

当然，需要强调的是，在利用核能能否作为调整能源结构，实现能源结构转型的关键手段问题上，浅绿智库从经济发展维度考虑主张合理地利用核电能源从而代替化石能源，有效地减少二氧化碳排放对全球气温的影响。尤其是倾向于在核电对碳排放和整个经济中能源保证的作用，即使在前苏联切尔诺贝利核电站泄漏事故发生之后，带有这种倾向的成果仍然在浅绿智库成果中占据着绝对主流的地位。当然，在日本福岛核电站危机的严重危害被广泛认识和传播之后，这种绝对乐观的态度似乎有了很大改变，表现在很多浅绿智库开始慎重地思考核能利用的严重负面效应，并且开始探讨在什么程度上能够安全有效地利用核能。在这个方面，德国柏林自由大学环境政策研究中心主任米兰达·施罗尔斯（Miranda Schreurs）为中心的研究者与日本一些高校开展了在核能利用上的合作研究项目，并且对德国能源转型（Energie Wende）策略以及日本核电安全使用议题进行讨论，[①] 也在一定程度上推动德国和日本在能源结构和能源使用上的政策转变。不过，尽管如此，浅绿智库对核能作为清洁能源的认识依然没有真正地改变，其仍然坚持利用核电能源的清洁性降低碳排放依然是浅绿智库在技术上倡导与支持的避免全球气候变化的有效途径。在核电能源问题上是否持有明确的支持态度，也成为区分浅绿智库的政策标签。

---

① FFU Report，http：//www. polsoz. fu-berlin. de/polwiss/forschung/systeme/ffu/aktuell/16 _ maerz _ std-nuc-waste. html.

二、政治政策：环境议题的民主治理与国际合作

浅绿生态价值取向的智库内部所带有的新自由主义色彩在一定意义上将浅绿智库塑造成为资本主义发展图景政治谋划的智库组织。政治活动与政策是浅绿智库建言献策的理论出发点也是现实终点。浅绿智库的政策指向在经济上的绿色化对策，与之相适应，政治上也要进行相应生态环境层面的调整和改变。这主要体现在政府的环境管制和在国际社会中以活跃的环境外交行动争取国际环境话语权与领导权。

浅绿智库认为，维持政体的民主化与稳定性是政策绿色化的前提性因素。浅绿智库对现存的国家资本主义政治社会制度是维持和认同的支持性态度，但是主张政府在环境政治领域的治理策略层面要把生态现代化与政治现代化两种手段作为鸟之两翼不可偏废的两个向度整合起来共同发挥环境管治作用。这一方面强调政府在环境管制或者管理中的作用彰显，也就是强调政府作为环境政策的主要制定者与执行者，利用多样化并合乎市场规制的政策调控工具提升环境管制的力度和效果。比如，在规制层面加强包括行政规章和法律规定的立法执法等途径成为浅绿智库认为政府环境政策所要依赖的重要保障性工具。

与此同时，在环境政策研究中逐渐生成出的一个热门的趋势与议题领域即对地方层级技术性或者政策性研究具体应用之间双向互动的关注程度正在加强。因而，浅绿智库根据政治体制的特殊性为国家和地区定制针对中央与地方的两种层级的环境政策。浅绿智库主张将中央层面的环境政策在不同区域具体情境下进行恰当的移植或者创新性的运用。比如在美国德国等政体上的联邦制度特色显著的国度，浅绿智库在国内环境政策上更强调地方层级政府制定政策的自主自由性与灵活性，释放地方政策的活力。而另一种向度上的中央地方环境政策关系则是将地方的环境经验上升到国家层面的政策。在瑞典政府的直接支持下成立的著名浅绿智库斯德哥尔摩环境研究所（Stockholm Environment Institute）进行过一项建立在瑞典、加拿大和印度尼西亚三个国家地方的经验数据的研究，对地方气候适应和政策制定的对话框架进行了分析诠释，印证了

这种向度上经验向主流政策的提升与总结的可能性①。浅绿智库主张，通过向上和向下的两种渠道实现具体环境政策国家化或国家政策具体化，更好地推动环境政策的沟通。

不仅如此，浅绿智库认为，政府的环境议题应该赋予专业化的部门——环境保护部门更大的权限与活动自由程度。而环保部门还承担着从传统的后期或者末端治理性的环境政策逐渐过渡到预警性的环境政策的轨道上来的职责与使命。但是环保部门这一功能发挥的进程，浅绿智库指出要更多地依靠一种协商性规制模式的作用。柏林自由大学环境政策研究中心在2006年以“政府混合治理带来更好的管治?”为主题的年度报告中提出，政府过于多头的治理模式并不能带来高效的环境政策，而依靠专业化的环保机构“在协商的规定下，支持不同环境议题的多元利益主体将通过外部性的妥协方式让步达成合作。或许这种合作的效果不一定是完全正面效应的，但是毕竟是向着推动环境政策演进的方向前行的”②。

而在国际政治交往或者外交活动中，浅绿智库也主张要将有效的环境政策作为国家政策的基本层面与其他国家和国际进行交流互动。一方面，在国际环境问题比如能源问题的合作上，跨国性合作机制的构建有助于实现清洁能源的稳定性供给与全面化利用，从而为经济上的无碳化提供坚实的合作支撑。而在另一方面，浅绿智库主张，坚持以合理的环境政策作为政治实力对外输出和民主影响的传播扩散，以形成主导型的主流国际环境话语，从而在国际环境对话中占据主动地位。人类在21世纪所必须共同面对的也是最重要的环境挑战是全球气候变化问题已经成为了国际共识，国际气候变化谈判便理所应当地成为绿色智库在国家和国际外交战略中论争的主要战场。浅绿智库，尤其是那些国际性的环境非政府组织认为国家在气候谈判中的态度与重要性发挥了积极的作

① Rasmus Klocker Larsen, Åsa Gerger Swartling, Neil Powell, Louise Simonssonand Maria Osbeck: A Framework for Dialogue Between Local Climate Adaptation Professionals and Policy Makers, Stockholm Environment Institute Report, http://www.sei-international.org/mediamanager/documents/Publications/SEI-ResearchReport-Larsen-AFrameworkForDialogueBetweenLocalClimateAdaptationProfessionalsAndPolicyMakers-2011.pdf.

② Christian Hey, Klaus Jacob, Axel Volkery: Better regulation by new governance hybrids? FFU Report 2006, p. 21. http://www.polsoz.fu-berlin.de/polwiss/forschung/systeme/ffu/publikationen/2006/hey_christian_jacob_klaus_volkery_axel_2006/rep_2006_02.pdf.

用。比如，世界自然基金（WWF）等知名的环境非政府组织在20多年来紧密地关注与跟踪气候变化谈判，以观察员的身份参与和推动了各国在历次气候变化谈判的进展正是其中的例证。

三、社会政策：环境教育与绿色就业

环境保护的事业在本质上是一种绿色化的社会事业，环境保护政策因而也与社会政策有着非常紧密的关联性。在一定程度上，浅绿智库将环境取向的经济政策延伸与扩展到了包括环境教育、环境福利、环境公平等在内的社会议题领域，提出了一些带有“绿色经济”或者“绿色增长”导向特色的社会政策建议。

首先，浅绿智库非常注重对公民的环境意识的塑造和培育，以多样化的方式开展环境教育是浅绿智库在社会教育的绿色内容上达成的一致共识。浅绿智库的“环境教育”（Environmental Education）的基本主旨在于将对未来代际的环保理念教育内置为整个社会人文素养教育中的重要组成部分。浅绿智库更倾向于从具体的生活细节和日常习惯的熏染和改变入手，塑造与影响人们的环境保护观。在环境议题的重要性得到普遍认知以来，各国的环境教育水平却呈现出了发展非常不平衡的状态。经济发达的国家和地区的环境教育事业开展程度与水平已经非常完善成熟，而欠发达地区却明显处于起步性的落后阶段。鉴于这种差异化的现实存在，包括全球自然基金在内的很多浅绿智库在发展中国家不失时机地开展环境教育政策的推进活动。① 不仅如此，浅绿智库也充分利用灵活多样的传播和教育媒介对青少年群体进行环境意识与知识教育。比如一些浅绿智库，尤其是学术型浅绿智库与学校联合起来开展共同的环境课程教育合作。还有一些浅绿智库主张，环境教育的政策化并不是环境教育的最终指向，而应该上升为对社会公民的环境公民权培养。而作为环境公民的未来社会公民，将是能够把环境保护作为潜在的思维模式固化下来，自觉自动地将环境保护理论转换为环境保护具体事业的未来公民。

其次，浅绿智库极力倡导与经济领域的绿色产业发展政策相联系的社会就业问题。事实证明，在社会领域随着绿色产业的深入发展，其内部从业人员也

① 比如全球自然基金在印度尼西亚等国家开展了将环境教育推进到国家教育体制的项目活动。

会不断地增加。绿色产业的就业在这个意义上就具有一举两得的双重经济与社会意蕴，其一方面既能为社会环境改善实现实质性的贡献，而另一方面绿色产业内的稳定就业与收入将会为社会注入更多的稳定性因子。从长远的社会稳定层面出发，绿色智库主张将绿色就业作为重要的长期性策略坚持。浅绿智库主张，通过依靠对环保产业发展的政策引导，使绿色产业迅速壮大，从而能维持经济和社会的平稳发展。与此同时，浅绿智库也非常强调开展绿色的职业教育的重要性。推动将环境教育和环保技术融入到职业教育中，提升职业教育的绿色特质也是浅绿智库目前致力于解决的重要社会议题。

第四节 浅绿智库案例——德国柏林自由大学环境政策研究中心

在德国的政治生活中，环境政策话语的较早融入不仅为环境议题解决营造出一种良好的外在状态，而且也在使绿色智库在德国环境社会话语和环境政策空间都发挥出自身潜能上起到了一定作用。浅绿智库实际上在德国环境生活中的存在是非常普遍的。德国柏林自由大学环境政策研究中心就是这样一种具备较大影响力的浅绿智库。

柏林自由大学的环境政策研究中心（Forschungszentrum für Umweltpolitik，简称FFU）则试图将环境政治领域的学术研究走向与融合实际的环境政策。其是德国绿色智库的另一种模式——学术型绿库的典型代表。柏林自由大学是德国联邦教育部精英大学卓越计划首批入围的九所高校之一，尤其以文科研究见长。始建于1986年的环境政策研究中心，由马丁·耶内克（Matin Jänicke）教授和卢茨·梅茨（Lutz Mez）教授最初提议并组建的。其依托于政治与社会科学系的一个二级研究机构——奥托-苏尔政治科学研究所（Otto-Suhr-Institut für Politikwissenschaft），这是德国最负盛名也是规模最大、影响最强的政治学研究所[①]。因此继承了自由大学在政治学科的传统优势，目前环境政策研究中心已

① 柏林自由大学环境政策研究中心主页：http：//www. polsoz. fu-berlin. de/en/polwiss/forschung/systeme/ffu/ueber_uns/index. html。

经成为世界上在国际环境政策比较研究和可持续能源政策领域领先的研究中心之一。

环境政策研究中心由初创时仅有的寥寥几名研究者成长到现在已经拥有40多名从事环境政治学领域专职研究学者，30多位荣誉或兼职教授的较为壮大的科研机构。研究中心2007年以前由创始人耶内克教授担任主任；2007年之后由米兰达·施罗尔斯（Miranda Schreurs）教授接任。这样，研究中心的主要负责人员实现了顺利交接，也意味着同时实现了研究路径的进一步优化与再次转换。欧美两种研究范式的碰撞与融合，也在一定程度上开阔了环境政策研究中心的研究视野。传统优势生态现代化理论的研究更加强调先驱性市场在生态现代化国家在具体环境政策扩散过程中的先导性地位及作用。而崭新的研究领域——绿色经济、环境政策的跨国比较、气候能源政策等更具实证意义的议题越来越多地纳入到环境政策研究中心的研究框架下。虽然研究中心的议题范围发生了转换，但是学者个人之间的研究仍然相互独立，根据自身学术兴趣、问题意识以及知识结构自由自觉的确定选题与进行论证。因此研究议题更为广泛，涉及全面的环境政治议题。

而实际上，与高校的其他组织机构一样，支撑起环境政策研究中心日常运转的资金来源主要来自于政府的教育资金。国家财政成为柏林自由大学环境政策研究中心维持正常研究财务保证。但是正如多丽丝·菲舍尔所言，尽管学术型智库也是受政府资金资助的，但是“它们都希望在研究方面具有独立性”①。因此，相对于绿党智库而言，作为学术型绿色智库的环境政策研究中心希望获得更加多元的资助方式，以尽可能保持学术研究的客观中立性。鉴于此，科学家和研究人员同时承担着多层次的科学研究课题项目，特别是部分学者承担了多种合同型的研究课题。比如，联邦政府自然保护局（BFN）、欧盟委员会等部门在内的传统政府部门所提供的合同研究项目是课题的重要来源。但同时还有不少学者获得企业、基金会或者个人的研究项目资助，比如德国技术合作公司（GTZ）、大众汽车公司等知名企业也对研究中心的相关研究项目进行资助。

---

① ［德］多丽丝·菲舍尔：《智库的独立性与资金支持——以德国为例》，载《开放导报》，2014年第4期。

不仅如此，近些年环境政策研究中心的资助来源也日趋国际化。在研项目中不少是丹麦、捷克、奥地利和日本等国环境部和企业的资助下进行，在一定程度上也凸显并提升了环境政策研究中心研究的国际水准。

由于环境政策研究中心与政党和政府的关系并不是那么紧密，因此必须采用更多媒介或方式影响和参与政府决策。具体地说：

一方面，必须非常注意矫正理论研究政策应用的目标与轨道，确定理论研究的特色，并保证研究成果可以与政府环境政策趋向的实时动态的对接。定期发布的研究报告是环境政策研究中心研究智慧的理论凝聚成果，也是作为高校内部绿色智库议题建议的学术话语呈现形式。自 1986 年到 2016 年间环境政策研究中心发布了相关研究报告或学术文章达 170 多篇。① 在政策的实际影响上，对于环境政策研究中心而言，最引以为豪的，也是其传统研究重点就是生态现代化的理论与战略。这个理论从生态与政治两重线索或者逻辑构建现代化。通过理论回应与政策构想两个路径，构建了政府作为决策主体所面临的作为现代化后果的生态危机与当前政府政治改革困境两个棘手任务之间互动优化的解决模式。因而，这个理论成果获得了德国联邦政府的采纳，并且成为长时期依赖德国环境管治的一个指导性策略。这也是环境政策研究中心面向政府需求导向的政策影响实现优势的体现。

和其他类型的绿色智库相比，环境政策研究中心作为一个高校智库，其区别在于其不仅负责面向环境政策的科研和咨政工作，同时也承担着环境理论领域硕士和博士研究生的人才培养任务。联邦政府提供丰厚的奖学金支持环境政策研究中心培养具备专业环境政治学知识的高级知识分子与学术专家，为 100 多名硕士和博士研究生开设英、德双语的国际环境理论课程。而且，研究中心还在本科、硕士和博士不同层次面向整个大学开设环境和能源政策通识性课程。通过高校内部的教学体系，培养现代人才的环境意识，充分发挥环境课程的教育影响力。另一方面，精英学者也通过个人在政府环保部门或其他部门的兼职寻求建设性的政策转化效果。耶内克曾在 2000 年到 2007 年间担任政府环

① 柏林自由大学环境政策研究中心报告，http：//www. polsoz. fu-berlin. de/polwiss/forschung/systeme/ffu/ffu-reports/index. html。

境专家委员会副主席。2007 年之后，新任主任接替耶内克，继续担任环境顾问委员会成员，从而在一定程度上保证研究中心对德国环境政策影响的有效性与连续性。

此外，环境政策研究中心更为追求学术研究的国际交流与影响，与其他国家或者地区开展常态化的对话交流。事实上，柏林自由大学环境政策研究中心与欧洲、亚洲和美洲的众多高校、科研机构和非政府组织都维持着良好的合作关系。而近期尤为重视亚洲地区高校智库之间的环境保护的学术对话与交流。比如，自 2013 年在赫姆霍兹研究联合会能源转型项目框架下，与日本部分高校的研究所每年举办德日能源转型论坛；在左翼党智库罗莎·卢森堡基金会的资助下，与北京大学马克思主义学院环境政策研究中心合作举办“多学科视野下的环境挑战再阐释”中德研讨会等，实际上也发挥了重要的国际影响。

在一定意义上，柏林自由大学环境政策研究中心作为一个浅绿智库，在一定程度上实现了对环境政策的孵化与转化作用，这个判断是基于以下几个层面的依据：首先从其作为一个学术型智库来说，在学术与理论定位上，政策研究中心事实上是第一个提出了“生态现代化”理论的学术团体，其将生态现代化从一个理念发展为一个引领性的思想流派，并且在一定意义上得到了国际性的影响拓展。包括荷兰瓦赫宁根大学的阿瑟·莫尔等学者继承了这种理论衣钵，并将生态现代化理论从德语世界推向了更广阔的英语国际学术世界。生态现代化理论目前对于整个生态资本主义理论体系而言，已然成为一个引领性的成功“标志”。而对于理论成果向环境政策的转化进程与实际影响层面来看，其无疑也是在一定程度上实现了影响扩散的绿色智库。德国的生态现代化管治经验不论是从欧洲领域还是在整个国际版图上都是较为成功的资本主义国家生态转型战略。所以德国的生态现代化战略被视为一种具有效力和吸引力的成功样本，通过政策扩散效应被一些西方国家逐渐学习和效仿。

本章小结

在本章中，通过对浅绿智库的基本主体的一种轮廓性界定，对其根植的生态价值取向与理论的溯源，以及基本政策主张与倾向的梳理，从理论上建构起了浅绿智库的基本特质与组织形象。浅绿智库是力图通过市场、技术、管理等国家政策工具作为环境改善的驱动性因素进行改进和革新，利用市场竞争力和管治结构推行力等要素作用的发挥推动环境与经济的共赢。浅绿智库在根本上既没有质疑和挑战资本主义的社会制度和政府权威，也没有动摇到资本主义政治经济制度的基础。因而，浅绿智库缺乏一种根本性解决生态危机的根本立场与魄力决心。

在实际上，无论是从政治生活中政策经验层面的感知，还是从政策影响过程的跟踪性分析都可以发现，在西方社会中，浅绿生态价值取向的环境智库都在实际的环境政策形成和塑造进程中获得了较大程度的应用。尤其是近年来随着“可持续发展”理念以及绿色经济理念等概念从一种环境理论话语上升为环境政策领域的主流话语，开始拥有越来越多的受众与支持者。在政策上，浅绿智库也由于生态价值认知的凝聚效应以及实际上对经济发展与环境保护之间关系的实际协调效应，开始受到决策主体的认同与青睐。可以说，浅绿智库确实有助于环境和生态问题在资本主义阶段暂时性的缓和与局部性的解决。

然而，浅绿智库所取得的暂时性政策效应却往往是以牺牲和放弃很多结构性的改革方案主张为前提的。正如马丁·耶内克所言，其所倡导的生态现代化理论实际上不能解决很多根深蒂固的环境矛盾。“生态化尽管有其巨大的环境改善潜能，但它不足以提供环境的长期稳定或可持续性。”[①] 因而，对于浅绿智库而言，其不能仅考虑这种渐进性的改革方式，而应该同时将技术变革与结构性变革结合起来。但是在环境政策生态与现实需求的双重驱动下发生了转向。其将长期性的、根本性的环境危机解决策略拆解成为阶段性的、局部针对性的解决举措，这往往背离了破除生态危机的根本目的，没有切除资本主义生态危机的毒瘤，也就不能治愈资本主义生态危机的顽疾。

所以，一方面就西方浅绿智库目前的发展态势而言，浅绿智库的成果向政策的转化和应用也依然处于一个相对较为优质的外部环境中，然而另一方面，

---

① 郇庆治，马丁·耶内克：《生态现代化理论：回顾与展望》，载《马克思主义与现实》，2010年第1期。

这并不意味着浅绿智库的未来前景必然是长远平坦的。浅绿智库目前只是局部地解决了资本主义的生态环境病症，其面临的更艰巨任务在于能否长期地克服和应对资本主义社会的环境挑战，以及能否成功地实现推动资本主义生产方式和环境保护方式的结构性变革。不能从根源上彻底解决这两个根本的问题，决定了浅绿智库在社会环境政策的演变进程中的作用只是“昙花一现”。

第四章　深绿智库的主体、生态价值观与政策主张

深绿智库在生态价值取向色彩上是具有最强深度的绿色智库形式。深绿智库所根植的生态主义价值观是最根本的内在动力，也是深绿智库政策主张的根本思想根源。而较为激进的政策主张与生态环境现实之间的矛盾冲突也导致了深绿智库在理想化的生态价值追求与现实化的政策转化目的之间不断地纠结与左右摇摆，从而形成了一种带有复杂特质的政策形成过程与政治景象。本章将具体从深绿智库的具体构成、根本价值体系和具体政策三个层面对这种带有浓重深绿色彩的绿色智库进行观察和阐释。

第一节　深绿智库的主体与组织架构

和浅绿智库相比，由于坚持着最为彻底的生态取向，深绿智库往往采取一种极端和激进的生态理念和环保主张，因而在支持群体上，其并不能够获得最广泛的支持性群众基础，然而这并不意味着深绿智库主体构成是单一的。虽然目前由于主流环境政策空间被浅绿智库占据，深绿智库的整体发展规模呈现被蚕食的现象，但是部分深绿智库依然发挥着重要的作用，甚至一些深绿智库在国家的环境政策的现实转化影响力上有着更深刻的呈现。

从与政治制度的不同关联程度角度，可以将深绿智库大致概括为所包含的两种不同基本形态：一种是作为绿党的主要智囊性机构，主要是各国绿党联系

密切的基金会，这些基金会组织构成了深绿智库最主要的组成部分；而另一种是激进的环境非政府组织，比如那些主张非常激进的环境或者动物权利保护协会等社会组织，以不同形式的组织形态扩展了深绿智库的主体范围。

一、隶属绿党基金会的深绿智库及其组织架构

绿党是生态主义理念在当代政治生活中既存化的一种深绿色彩的组织表象，因此与绿党有着紧密关系的基金会或者其他从属于绿党的决策咨询机构形式为绿党的价值定位和政策指向一定程度上起到了引导和指向作用，因而构成了深绿智库的重要组成部分。

在目前整个世界的绿党发展形式来看，欧洲绿党是当今绿党在地区化发展最为成熟和整合程度最高的代表形式。目前，欧洲绿党是一个主张欧洲46个国家或者地区绿党联合起来共同建设发出同一个声音的欧洲层面绿党组织联盟。[①] 2004年对于欧洲绿党而言是一个非常重要的时间节点，在这一年中，欧洲绿党成功进入欧洲议会，成为欧洲议会中的一支特色鲜明的绿色力量。从这个意义上，欧洲绿党的政治基金会——绿色欧洲基金会（Green European Foundation）实质上也集中体现和代表了绿党智识的欧洲化程度。不过，绿色欧洲基金会与欧洲绿党之间存在较为复杂的关系：一方面，根据官方的使命定位，绿色欧洲基金会是相对独立于欧洲绿党与其他欧洲议会的绿色团体的智库组织，特别是在具体运行方式上，绿色欧洲基金会极力摆脱欧洲绿党的垂直领导，也拓展和发展多元化的合作关系，以尽量保持在组织运行上的独立性；而另一方面，绿色欧洲基金会又与绿色政党因素有着密切的关联，不仅是由于组织成员的重合，而且在二者的合作关系上，欧洲绿党也是绿色欧洲基金会最大的合作伙伴。

绿党基金会在组织上看是从属于绿党的理论与政策咨询组织。比如在政党基金会发展环境已经非常成熟完善的德国，包括社会民主党的基金会弗里德里希·艾伯特基金会（Friedrich Albert Stiftung），基督教民主联盟的康拉德·阿登纳基金会（Konrad Adenauer Stiftung），绿党的海因里希·伯尔基金会

---

① European Greens，https：//europeangreens. eu/what-we-do.

（Heirich Böll Stiftung）以及左翼党的罗莎·卢森堡基金会（Rosa Luxemburg Stiftung）等政党的基金会最早成为德国法定的智库机构模式，并且还可以获得联邦政府的财政资助。这些法定的基金会对于政党的作用就展现在其作为内部意识形态整合与价值引导的后盾与大本营作用上。德国绿党是欧洲进入国家层面议会最早的绿党，也被认为是对国家环境政治和政策影响最为成功的国家绿党。作为德国绿党的智囊组织，海因里希·伯尔基金会在事实上就对绿党政策指向与政策立场的矫正发挥着重要的作用，也在环境政策的影响效果上收效显著。伯尔基金会的主张很多都通过绿党在议会中的作用实际转化为国家的具体政策。

除了在德国，海因里希·伯尔基金会成为绿党重要政策的智识来源与政治支持的获得性渠道，瑞典的绿色论坛基金会（Green Forum Foundation）也是瑞典绿党的重要政策依靠。绿色论坛基金会成立于 1995 年，根据其官方定位，论坛追求的根本宗旨是实现生态可持续发展意识形态的有效传播和现实化。[①] 绿色论坛基金会的具体主张包括一方面不遗余力地推动和提升绿党政策的科学化与合法化，另一方面也注重对公民绿色知识结构和经验技能的培育和塑造。

概括地说，无论是在欧洲层面绿党的绿色欧洲基金会，还是像德国以及瑞典等国家层面绿党基金会都代表了深绿智库目前发展状态中的一个重要趋势，即已将党派基金会作为绿党理论与政策实践发展的重要支持性力量进行建设。不过，即使一些其他国家和地区的绿党虽然没有直接关系的政党基金会，实际也拥有一些与政党基金会政策引导功能极为相似的智库组织形式。这些机构则表现出别样的组织形态，而且其中很多是以研究机构的形式出现的。

比如，与美国绿党有着深层渊源关系的“绿色研究所”（Green Institute），虽然从称谓上看，“研究所”的命名显然意在凸显其在自身定位上的独立性和非党派性，但是无论是从其所根植的生态价值取向，还是从其具体的环境政策指向上看，都是深绿价值取向的绿党政策的典型性外显与现实化身。美国科罗拉多州绿党代表团成员道格·麦尔坎（Doug Malkan）在美国绿党官方创立并向社会公开发行的季度刊物《绿页》（*Green Page*）中发表了题为《思考绿色

① Green Forum Foundation，http：//www.greenforum.se/foundation-ecological-and-sustainable-development－0.

政策》的文章，他在这篇文章中对绿色研究所给予了极高的评价，认为其是“美国国内唯一带有鲜明的政治生态学价值观和原则的国家性政策研究机构”①。与此同时，以麦尔坎的这篇介绍性文章为参考，我们也可以从发展变迁的视角对绿色研究所的发展脉络进一步梳理。美国的绿色研究所成立于2001年，是一个由三位美国绿党的重要成员托马斯·林基（Thomas Linzey）、戴维·柯布（David Cobb）和琳达·马丁（Linda Martin）率先提出并创建的政策研究机构。其中戴维·科布在2004年的美国大选中甚至一度成为总统选举的候选人。他们当时创立研究所的原初设想是通过绿色研究所的建立实现与满足对将绿色思想付诸于前台实施的政策研究机构的需求。与此同时，绿色研究所的空间领域和影响范围也在不断地扩张。比如希腊绿党的智库也被命名为绿色研究所。虽然希腊绿色研究所仅仅成立于2011年，还是一个非常年轻的组织。在欧洲生态运动浪潮的冲击下，同时由于受到了现实生态运动的影响，希腊绿色研究所具有了深厚的社会运动基础。

而无论这类像德国、瑞典等直接作为绿党基金会，还是像绿色研究所等其他在绿党旗帜之下或与之存有密切关系的深绿智库，尽管在地区或者国家层面的绿党智库设置的具体方式有着诸多不同，但在实际上都与绿党自身有着极为相似的组织特征与运行规律。具体来说，其特点表征为以下几个方面：

首先，绿党智库从组织运行上，与绿党的具体组织形式呈现出明显的相关性趋向。这表现在两个方面的关系：一方面，由于二者之间根源上的亲缘关系，在很大程度上二者在人员设置上时有重叠，比如在美国绿党的绿色研究所中主要创立者同时也是坚定的绿党成员，而其之后聘任的主任也是绿党的协调员；在瑞典绿色论坛基金会的核心管理层——主席团成员直接是在绿党党内选举产生的。在另一方面，由于绿党基金会的大多数成员来自于绿党组织内部，以及一些与绿党的相关合作组织，因而绿党智库在具体的机构运行层面，很大程度上是直接利用和沿袭了绿党的运行机制。在这方面，德国绿党基金会就是一个例证，其借鉴了绿党在党组织设置的男女两位发言人的做法，与之相适应的，伯尔基金会也出于尊重男女的平等权利的考量，设置两位异性发言人共同

① Doug Malkan, “Think Green Policy”, *Green Pages*, Volume 9, Issue 2.

作为党的主要代表。不仅如此，直接采用与政党一样体制化的代表大会制度以及代表的做法则是更为普遍的现象。

其次，绿党智库都习惯于运用传统的政党宣传媒介与信息渠道对智库政策或者研究成果进行推广与扩散。这一方面在很大程度上是取决于二者之间平行化的运行模式与组织关系，趋于相近性与便利性的选择考虑而直接采取党派化的宣传媒介进行智库的产品推广。而另一方面也是绿党智库作为党派的智囊机构，可以依靠与利用与政党之间紧密的天然联系，而且这种智库的政策传输渠道相比于其他智库更传统，当然在政策转化效果上也更为稳定。比如，发布年度的报告、举办定期的会谈或者政策研讨会等传统的组织和营销模式是绿党智库所依靠的政策传递和扩散的重要渠道。

再次，绿党智库之间建立了比其他智库之间更为深厚的交往联系与国际性合作网络。除了环境议题的国际通识性和全球性关注特点，其实绿党智库之间的深厚合作还取决于以下两个方面的具体原因：一是很多绿党智库之间由于极为相似的生态价值与政党绿色意识形态，因而容易达成价值与具体政策的认同，因而在具体领域的合作中便更容易发展成为的互助关系；二是绿党智库在整个环境决策环节中同样的或者相似的政治地位处境，由于目前的政治影响并不能足以凝聚本国性的更不用说国际性的政策影响，因而一种集群式发展的群聚效应就更容易产生和生成影响。

不仅如此，很多国家和地区的绿色运动思想与行动都是在一些国家绿党智库的推动下催化形成的。比如美国的绿色研究所在成立之后，其作为深绿的生态思想认知寻求体制化的组织载体，事实上也在另一方面从组织上促成了不少美国地区层面基层绿党的萌生。

通过以上的分析，我们实际上可以对绿党智库的主要特质和规定性有了一个整体性的把握。绿党智库由于对参与政治议题尤其是环境议题制定过程与影响力发挥的追求，以及绿党在西方政党体制或者国家决策的参与地位的获得，都能使绿党智库暂时性或者短期性逐渐获得有利于发挥政策影响的外部政治环境。因而，在事实上，绿党智库相对于其他类型的深绿智库的影响而言，处于一种相对有利的政治地位。

二、作为民间环保团体的深绿智库及其组织架构

除了像已经具备了体系化运行组织形式的绿党智库之外，还有一些坚持生态主义的绿色理念、主张或者偏爱深绿的生态环境政策的非政府组织或者学术研究机构。这些机构也作为另一种深绿智库的形式影响着环境政策的走向。这些组织从生态主义深绿理念与环保活动的开展整合起来，形成一种独特的激进的政治景象。民间的深绿智库发展趋向从根本上归结为两种不同的路径或面向：一是面向学界、以学术性的话语或研究为主要媒介的智库组织；另一种则是面向社会、以社会活动为主要线索的智库组织。

鉴于在具体的智库运行模式上，立足于学术探讨的深绿智库与立足于社会运动的深绿智库之间的差别与分化也比较大，暂时难以进行归纳性描述，因而目前本书尽量以样本列举的方法呈现其状态。罗马俱乐部和绿色和平组织分别是深绿智库内在绿党智库之外的代表模式。罗马俱乐部是作为兼具学术研究与政策倡议两种功能的深绿智库组织；而诸如绿色和平和“地球优先!”运动等激进环境非政府组织，则是具有倡导和运动功能的深绿智库。

（一）以罗马俱乐部为代表的深绿学术组织

在前一种智库组织中，罗马俱乐部（Club of Rome）是最具代表性的智库形式，也是最具知名度的绿色智库。其甚至可以与美国的兰德公司（RAND Corporation）和日本的野村综合研究所（Nomura Research Institute）齐名，并称为“世界三大智囊集团”。

在本书中，罗马俱乐部能够被定义为绿色智库，或者更精确一些，称其为深绿智库，这是与在环境话语逐渐进入国际话语语境的历程中不可不提的一部里程碑式的著作不无关系的。这本发布于1972年的《增长的极限》（*The Limit of Growth*）报告名声鼎沸，被翻译成30多种语言，在世界的总发行量已经超过了3000万本，是到目前为止全球销量最高的关于环境问题的著作。而这篇引起社会和国际政策制定者对环境问题关注的学术报告正是出自当时初创不久的罗马俱乐部。

就其成立的历史历程而言，罗马俱乐部实际上是一个比较成熟的智库组织。成立于1968年4月，最初提出成立这个俱乐部的意大利实业家奥雷利奥·派西（Aurelio Peccei）和苏格兰的科学家亚历山大·金（Alexander King）都对人类福祉和未来的共同命运极为关切，致力于全球性问题的解决。罗马俱乐部最初成立时，二人召集了30余人的科学家团队，将总部设在意大利首都城市罗马。直到2008年，总部转到瑞士的城市温特图尔（Winterthur）并开启了新的发展阶段。

在内部的组织结构上，罗马俱乐部具有多重层次的复杂人员结构，集结了包括全球从政府官员、外交官、联合国官员，到经济学家和社会学家以及商界精英的众多组织成员。然而另一方面，为了实现组织的精英化目标，同时也是为了更好地提升其作为智库的影响效力，罗马俱乐部对内部人员数量的控制也非常严格。正如罗马俱乐部秘书长伊恩·约翰逊（Ian Johnson）介绍的那样，在选择组织成员时非常注意维护罗马俱乐部的国际代表性，“如在国籍、文化、性别和专业知识等各方面寻找均衡等。一般而言，加入俱乐部需要老成员的介绍，申请人必须在学术领域有预见性的研究，或是关注全球长期变化的企业家和政治家”①。为了保持组织的活力和凝聚力，将人员总量控制在300人以内，其中常任人员仅有100多位。在领导机构层面，罗马俱乐部设置两位主席共同作为俱乐部的组织代表，除此之外一位副主席与俱乐部秘书长一起负责俱乐部日常具体事务的处理。而俱乐部的重要事务需要由俱乐部一年一度的代表大会审议决定。罗马俱乐部最核心的领导机构执行委员会（Executive Committee）也是由代表大会选举产生的。执行委员会是一个由七位成员组成的常设部门，专门负责处理俱乐部运行中的核心性事务，实际上处于非常重要的决策地位。

在分支组织机构的设置上，根据具体负责的地域和议题领域的不同，罗马俱乐部还特别组建了欧洲研究中心与国际研究中心，也体现了罗马俱乐部在获取国际影响的倾向与策略，欧洲的中心地理战略位置比较显著。同时，在国际

① 参见罗马俱乐部秘书长伊恩·约翰逊（Ian Johnson）的专访《罗马俱乐部走近中国》，载《新民周刊》，2013年11月21日，http://xmzk.xinminweekly.com.cn/News/Content/3001。

上也拓展和设立了很多分支机构。已经在 30 多个国家或者地区成立了自己的分支机构，也就是国家协会（National Association）。但是在亚洲、非洲等地区国家的分支协会还比较少。

在对政策的具体影响策略上，罗马俱乐部除了传统优势的报告项目之外，也通过政策简报、出版书籍以及举办学术座谈或者高层对话等多种形式实现研究结果直接用于相关部门的政策制定的目的，并帮助决策者找到新的思维与行动方式。罗马俱乐部重视人才是其发展的一个重要优势，同时也是传统法宝。在全球开设分支机构在根本上也能够有利于更广泛地吸引精英加盟。不过这种选人用人也不是随意的，而是要遵循严格的用人标准。具体地说，就是在共同认知的基础上，吸引来自各个领域的自然与社会科学家或者工程技术专家等的加入①。

正如罗马俱乐部自身标榜的组织定位"一群共同对未来人类的发展状况关心的国际居民"② 一样，对关系到人类未来命运的社会和生态议题的强烈关注是罗马俱乐部立足的根本使命与价值根基。罗马俱乐部对包括人口教育、工业化、环境污染、粮食安全以及贫困等全球性问题的关注与解决为宗旨，通过推动国际社会的政治、社会和环境制度的具体改变以实现人类命运的改变。特别是《增长的极限》（1972）以及后来的《人类处于转折点》（*Mankind at the Turning Point*，1974）、《超越浪费的时代》（*Beyond the Age of Waste*，1979）、《将自然考虑在内》（*Taking Nature into Account*，1995）等学术报告或者著作的发表之后，罗马俱乐部对环境问题关注程度有增无减，讨论范围从热带雨林保护、濒危物种的保护延伸到全球气候变化，从经济增长限制、可持续发展扩展到构建合生态的国际新秩序。罗马俱乐部也越来越被看作是一个在环境议题领域擅长并且具有领导力的智库。罗马俱乐部持有激进的绿色观念与主张，这方面直接体现在对现代西方社会私有制以及过度消费的激烈批判，以及其对现代

① 参见罗马俱乐部秘书长伊恩·约翰逊（Ian Johnson）的专访《罗马俱乐部走近中国》，载《新民周刊》，2013 年 11 月 21 日，http：//xmzk. xinminweekly. com. cn/News/Content/3001。

② 罗马俱乐部官方网站，http：//www. clubofrome. org/？p = 324。

科学技术负面效应的强烈质疑方面[①]。

目前，罗马俱乐部仍然在推进其带来巨大国际影响的《增长的极限》研究项目。在这个基础上，2012 年启动了一项建立在当前社会运行状况数据基础上，借助未来学的研究方法对 40 年之后也就是在 2052 年的人类社会的预测性与启示性的研究。而这些研究都是为了实现其“改善每个人的生活，并减少人均的生态足迹”[②] 的理想目标而服务的。不仅如此，罗马俱乐部还一直致力于强调在人类环境问题面前所需要的是全球性的整体视域，而不是目前民族国家各自为政的狭隘眼光。正因为在学术和政策倾向上的激进态度，也有一些学者批判罗马俱乐部观点具有一种极端的马尔萨斯主义，更多的是在非理性地宣泄生态批评，而不是真正的科学研究和政策建议。

（二）激进的环境非政府组织

除了更倾向于学术研究向度的智库之外，深绿智库中也不乏一些散布激进主张的环境非政府组织。这些组织在目前是在另一种面向社会运动的路向上发挥着影响政策的功能，这是与其同环境新社会运动共生共存的历史背景根本相关的。对于这些组织的智库定位实际上在学术界还是颇有争议的。不过，无论采取的形式如何激进，这些深绿智库依然以一种现实发生的影响力彰显了其政策影响，尤其是深绿智库也不乏一些学术主张。

首先，绿色和平组织（Green Peace）无论从环境非政府组织中绿色意蕴或者色彩的浓重程度，还是从所收获的国际知名度和实际的政策影响力层面看，都当之无愧是这类深绿环境非政府组织的典型代表。就组织生成的历史而言，绿色和平组织首先是于 1971 年在加拿大的温哥华成立的。作为非政府组织，绿色和平最早成立的初衷是为了实现反对美国在阿拉斯加进行的核试验斗争而服务的。随着反核能运动与生态主义运动十几年的发展，到 20 世纪 80 年代，绿色和平组织已经作为一个在国际上具有重要影响力的非政府组织得到来自世界各地企业或个人的支持与物质资助。为了实现这种国际性的影响，绿色

---

① 比如在罗马俱乐部的报告《私有化的局限》中，对一些私有化导致的腐败问题和社会不公现象进行了批判；在《超越浪费的时代》报告中则对资本主义消费主义的价值观进行了反思。

② Club of Rome，http：//www.clubofrome.org/？p=693.

和平已经将组织的工作重心从北美转移到了欧洲，总部设在荷兰的首都阿姆斯特丹。到目前为止，绿色和平也已经在40多个国家和地区建立了分部机构，从而在组织规模上，绿色和平组织已经成为世界上最大的环境激进非政府组织。

为了满足推进和提升生态运动深入程度的需求，绿色和平在支撑组织运行的物质资助方面必须获得足够的支持。在运行资金的来源上，由于目前绿色和平较大的组织规模和影响力，每年能大概获得价值达36.8亿美元的资助,① 在资金支持上保持比较稳定的状态，在实际上完全能确保组织业务的正常运转。不过需要强调的是，为了尽可能地保持作为智库的独立性和客观性，绿色和平决定不再接受任何来自政府和政治团体的资助。

从组织的内部运行看，绿色和平的国际总部与各地区之间保持着密切的联系，各地区组织遵从通过设置地区分部以指导不同地区的发展活动。这种关系在绿色和平官方网站的组织机构栏目简介中可以得到解释："各绿色和平地区分部是获国际总部发出授权许可而成立的。它们必须遵守与绿色和平国际总部一同订立的运作协议，在各地发展项目，并且在项目筹划、人力资源和财政支持等各方面参与国际项目的发展。"② 也就是说，绿色和平在总部与分部之间，是采取的一种集中领导与独立运行之间的良性互动模式，从而尽可能保证整个组织作为一个整体与不同层级之间的一致性；又可以发挥各个分部自己的独立性和积极性，根据本地情况制定和校正具体政策。

但是，从一个松散的激进反对核能试验的环境团体进化为拥有较大资助额度的环境政策组织对于任何一个非政府组织而言都是需要面临的一个较大调整和转变过程，而且必然会伴随着一些价值观念的潜在性调整。绿色和平不仅在组织结构上经历了一个调整过程，其所追求的根本内在价值也潜在地发生着改变。因而，包括不少最初创立该组织的元老人物在内的很多成员却最终由于价值观的分歧而纷纷出走，逐渐退出了该组织。包括其中的创立者之一派帕特里克·莫尔（Patrick Moore），他指出"最终，绿色和平组织越来越显著地为了

① Green Peace，https：//www.biggreenradicals.com/group/greenpeace/；http：//www.greenpeace.org/international/Global/international/publications/greenpeace/2013/GPI-AnnualReport2012.pdf.

② Green Peace，http：//www.greenpeace.org.cn/about/mission/.

实现政治议程的目的而放弃科学客观性和中立性的倾向使我不得不在1986年最终选择了离开”[①]。事实上，为了越来越接近决策者的政策倾向放弃自身的价值立场与政策研究路向，不仅是莫尔，也是大多数成员离开绿色和平组织的一个客观原因。因而，作为传统的环境非政府组织，绿色和平事实上面临着诸多的现实困境与组织转型压力。这在一方面是作为深绿生态价值取向上的环境非政府组织或者绿色智库所共同面临的问题或者现实挑战，另一方面也是作为传统的社会运动中脱离和制度化的组织模式，如何能将社会运动中纯粹的激进主义倡议转向面向实践的深绿政策，目前阶段依然还是一个无法化解的现实困难与痛楚。

除了绿色和平组织之外，同样作为从环境社会运动中蜕变的社会组织，并且仍然带有激进深绿色彩的环境非政府组织的还有发端于美国的“地球优先!”组织（Earth First!，简称EF!）。“地球优先!”组织成立于美国的西南部，是在1979年由几个著名的激进环保主义分子，包括戴夫·佛曼（Dave Foreman）、麦克·罗塞尔（Mike Roselle）、巴特·克勒（Bart Koehler）和豪威·沃克（Howie Wolke）等人创立的。他们在从墨西哥北部到新墨西哥州去抗议环境问题的途中，创建了“地球优先!”组织。[②]“地球优先!”组织的口号也是带有显著的激进深绿色彩的。其中一个口号是：“保卫地球母亲，决不妥协!”（No Compromise in the Defense of Mother Earth !），深层的意义在于体现了将自然地位提高到人类之上的优先性；其另一个则是：“要么行动，要么是死!”（Do or Die），则表达了直接行动这种运动方式和影响策略的强烈意愿。[③]

激进的生态价值理念在其影响实现策略上也有着非常醒目的表现。“直接行动”是“地球优先!”首要的，也是最为直接的影响方式。这种直接行动所依赖的具体路径可以从“能武”和“能文”两个方面概括：一方面，可以理

① Patrick Moore，“Why I left Green Peace?” http：//online. wsj. com/article/SB120882720657033391. html.

② Wikipedia Earth First!：https：//en. wikipedia. org/wiki/Earth_First!.

③ Christopher Manes，*Green Rage*：*Radical Environmentalism and the Unmaking of Civilization.* Little，Brown and Company，1991.

解为“能武”，即通过激进的抗议行动，即包括在反对现场进行呕吐、焚烧旗帜等非理性的运动方式。只不过这种运动在美国政府命令规定社会运动要采取非暴力形式之后发生了明显的转换。另一方面，则是“能文”。通过在其创办的杂志上发表带有明显反主流意识形态倾向的文章，动员人们为环境保护事业直接行动起来。比如在该组织 1980 年创刊的《地球优先!》杂志(*Earth First! Journal*)上，他们发表强烈关注与倡导环境保护的学术文章和运动宣言。在第一期杂志的创刊号中，戴夫·福尔曼对杂志的期望是阐述和宣扬把地球提升到至为重要地位的学者的真正强硬的和激进观点，并且要进一步提出具有创造力的策略和更具感染力的语言以动员大众。[1]

然而，由于这种激进的运动方式，“地球优先!”组织在美国本土并没有产生足够的政治影响力，但是这依然没有阻止其在拓展美国本土以外区域影响力的步伐。目前，除了美国，在加拿大、英国、爱尔兰、德国、法国、荷兰、比利时、捷克、波兰、斯洛伐克、意大利、西班牙、澳大利亚、墨西哥、印度、菲律宾、新西兰、尼日利亚等国家和地区都有“地球优先!”组织的分支机构。即使如此，极端的生态抗议方式依然不能被当地社会的主流价值所接受，“地球优先!”组织时常被作为一种“生态反政府主义”组织被拒绝在政策领地之外。不过，这些组织实际上能对环境事件产生不少具体和直接的政策影响，比如“地球优先!”在美国俄勒冈州的威拉米特军森林公园开展的针对伐木的直接行动等具体活动就使地方政府放弃了与厂商的经济合作协议。[2]

第二节　深绿智库的生态价值理念

概括而言，深绿智库的思想积淀来自于与浅绿智库全然不同的另一种生态价值观念体系，即生态主义价值体系。这是与浅绿的生态价值取向在激进程度上截然不同的生态价值理念，或者概括地说是一种深绿的生态价值理念。深绿

---

① 转引自高国荣：《激进环保运动在美国的兴起和影响——以地球优先组织为例》，载《求是学刊》，2012 年第 7 期。

② 焦玉洁：《地球优先!》，载《世界环境》，2011 年第 5 期。

智库内在所遵循和根本捍卫与守护着的实质上是一种“生态主义”的生态价值理念体系，这种价值理念的力度更为强烈也更为激进，本质上也是以最大化有利于自然的自由存在与发展为根本宗旨的。

甚至有很多学者把深绿的生态价值作为一种意识形态而描述与研究。首开先河的是英国的哲学家安德鲁·多布森（Andrew Dobson），在他的著作《绿色政治思想》中首次将生态主义作为一种意识形态独立地提出并着重强调与理论塑造。可以说，生态主义理念集中地凝结和展现了深绿智库所追求的生态价值色彩与特质，构成了其深绿色的生态思想基础。具体而言，深绿智库以及其所依赖的生态价值观内在地包含了非常鲜明的特质，可以具体归结为在自然观、生产观、科技观与消费观四个方面的表现。

一、自然观：生态中心主义

如若将浅绿智库所持有的根本生态价值观从其人与自然关系视角出发将其凝练地归结为其人类中心主义倾向特质的话，那么，深绿智库所根植和依靠的内在生态价值观则显然是来源于与其迥然相反的非人类中心主义的自然观。安德鲁·多布森将生态主义的核心性原则或者意蕴概括为其“反人类中心主义”[①] 的倾向。这种自然观涉及的是生态主义或者深绿生态价值取向的本体论问题，是在与人类中心主义的激辩中生成的。

深绿智库之所以具有相对于浅绿智库更“深”的光泽与色彩，是由于其一直以来依赖的生态主义价值理念对主流生态价值观保持着深度的追问与反思。深绿智库强烈拒斥人类中心主义将人类与自然机械割裂分离的传统认知模式，强烈反对与批判当下人类对自然生态的“控制式”的行为模式，批评将非人的自然领域作为实现人类目的满足的手段的价值理念。因而，深绿智库所秉持的是一种非人类中心主义的生态自然观，这种自然观最重要的表象就是在看待人与自然关系的问题上坚持的是自然优先的观念，认为自然在人与自然之间的互动过程中的地位应该是平等的，至少是不应该低于人类地位的。

如果从历史的视角溯源可以发现，这种观念最早来源于美国的环境伦理学

---

① ［英］安德鲁·多布森：《绿色政治思想》，郇庆治译，山东大学出版社2005年版，第53页。

界。最早20世纪是三四十年代利奥波德的大地伦理观，他认为人类的角色应该“从大地共同体的征服者改造成大地共同体的普通成员和公民”①，这实际上就是激进的生态主义在早期采用的形式。而在70年代左右，美国法学家克里斯托弗·斯通（Christopher Stone）的自然物“法的权力论”（1972年）、挪威哲学家艾伦·奈斯（Arne Naess）的深生态学（Deep Ecology，1973年）以及澳大利亚哲学家彼得·辛格（Peter Singer）的“动物解放论”（Animal Liberation，1975年）等观点实际上集中地论证与构筑了非人类中心主义的最初论证与基本伦理观基础。而在这些非人类中心主义的观点中，尤其以奈斯的深生态学最具有代表性，所产生的影响最大。在艾伦·奈斯看来，其深生态学最重要的两个哲学领域的价值准则是：自我实现原则和生态中心主义的平等准则。② 据奈斯所言，前者是“最大限度的自我实现就需要最大限度的多样性与共生”③。因此，生物的多样性在奈斯那里，事实上是人类自我实现的前提条件与基础的构筑因素。维护生态系统中的其他物种的健康存在状态就是这种多样性的充分彰显。在这个意义上而言，奈斯所提出的第二个原则，即生态中心主义的平等原则又是与“自我实现”原则紧密相关的。只有在多样性充分发展的基础上，才能让人类进一步和深刻地意识到生态系统中其他生物和构成因素的重要性，也就意味着对其他生物自我实现更为依赖。而在另一方面，生态主义认为生态中心主义的平等才是真正意义的更为全面的平等，是整个广涉整个生物圈完全意义上的平等。这种整体主义的平等不仅囊括了人与人、人与自然整体之间的相互关系，还意味着人与其他生物物种之间的地位平等。生态主义的“大自我”（Big Me）的生态理念是将其将“自然的解放”发挥到最大程度的价值表象与理念呈现。

深绿生态价值理念坚持，人类中心主义的本质与物种主义无异。所谓的物种主义，是指人类基于物种的专横性歧视态度。具体而言，物种主义意味着人

---

① ［美］罗德里克·弗雷泽·纳什：《大自然的权利》，杨通进译，青岛出版社1999年版，第84页。

② Devall B. Sessions G. , *Deep Ecology*: *Living as if Nature Mattered*, Salt Lake City: Eingine Smith Books, 1985. pp. 60 – 69.

③ Naess A. , “The Deep Ecological Movement: Some Philosophical Aspects”, in *Session G*: *Deep Ecology For The 21st Century*, Boston: Shambhala Publications Inc. 1995, pp. 64 – 84.

类是以一种系统性偏向人类物种的方式思考和行事。或者说，是一种人类沙文主义，即海瓦德在《人类中心主义：一个误解的难题》中指出的那样，“是一种完全可以预料到的企图，它总是以一种有利于人类的方式来阐明（物种间的）相关性差异”。深绿生态价值理念认为人类中心主义实质是资本主义工业生产的一个“面具”。事实上，生态主义的这种观点与生态马克思主义思想有着共同的认知基础。比如日本学者岩佐茂认为，包括生命中心主义、自然中心主义以及生态系中心主义等在内的具体形式都是非人类中心主义的次级层次。[①] 反过来说，在“非人类中心主义”的生态价值观念引导之下，深绿智库似乎能够更敏锐地感受到自然环境在人类现代化历程中所经历的摧残与退化，也能够更敏感地捕捉到自然生态所遭遇的现代性痛楚。

深绿的生态价值观往往更倾向于从一种极为理想主义的生态伦理出发对人与自然的关系与地位进行考察与观照。比如，英国学者布赖恩·巴克斯特指出生态主义所认同的观点是人类应该形成一个关心和关怀的共同体，并把它作为人类谋求福祉所需要的认知基础或者价值前提。这种共同体“既作为关心者的基础，又作为被关心者的基础”[②]。我国环境伦理学领域的知名学者卢风教授则更细致地从生态主义的人学视角诠释和剖析了这种自然观，明确指出，“在深层生态主义者看来，现代西方狭隘的自我打乱了人们的正常秩序，使人变成了社会时尚的牺牲品。人类也因此失去了探索自身独特精神与生物人性（即人的生物属性）的机会。”[③] 在深绿的生态价值观视域下，现代社会限制和缩小了人类的眼界与视野，使人们更关注和更易于采取一种利己主义的或者物质主义的趋向，而这种趋向是进一步隔断和拉开人与自然天然关系的外在性屏障。因而，要彻底颠覆这种趋向，方可使人类与自然之间颠倒的关系重新正确地树立起来。

深绿智库的生态价值理念就是建立在这种深层生态主义自然观的基础之上的，其强烈地关注与反映自然生态在人与自然之间关系中所保持的相对地位，不能容忍甚至是排斥人类行为和社会发展对自然的主体地位的任何动摇性影

---

① ［日］岩佐茂：《环境的思想与伦理》，冯雷等译，中央编译出版社 2011 年版，第 149 页。
② ［英］布赖恩·巴克斯特：《生态主义导论》，重庆出版社 2007 年版，第 34 页。
③ 卢风、刘湘溶：《现代发展观与环境伦理》，河北大学出版社 2004 年版，第 242 页。

响，并且非常坚定地捍卫生物圈内一切生命体的平等权利地位的绿色理念。

二、生产观：反对过度和大规模的生产主义

尽可能地维持自然本来的状态，是深绿智库所依靠的生态主义理念在生产观上所遵循和崇尚的价值追求。因而，在如何评价社会生产对自然造成的影响方面，这种生产观显然表现为更为严苛的生态主义色彩。对于追求社会生产规模扩大和经济利润的行为，深绿生态价值取向的智库实际上是非常排斥和难以接受的。正如欧洲绿党基金会在其公报中明确提到的那样，生态主义的生产观从根本上其首要目标是“通过经济活动基于人们的基本需要和合生态的方式以保持自然生态的可持续性，因而是与自由主义市场经济或国家控制经济所追求的无条件的增长与扩大相对立的”①。

首先，从人类社会生产与生态环境的单纯互动关系与影响来看，深绿色彩的生态主义态度显然是非常激进和完美主义的。其认为人类的社会生产活动是打乱生态系统平衡和破坏整体性的重要因素。人类的社会生产对自然环境而言，其实并不能产生积极意义的影响。尤其是到了当代，人类社会发展已经迈入全面现代化的阶段，自然和生态的领地在不断地被压缩。深绿的生态价值观从反现代主义的意义上讨论社会生产与生态环境的互斥性与不兼容性，反对人类以侵占自然为基础的扩大再生产。

而进一步考察深绿智库所内置的生态主义经济生产观可以发现，其对待社会生产的态度是非常保守和消极的。这表现在：生态主义主张和要求将现代生产尽可能地减少到维持目前人类社会维持和存在的最低水平，强调维持生态系统的稳定目标在任何情况下都要优先于人类社会的经济增长和物质财富创造的目标。生态主义所认同的社会生产的终极价值在于，社会生产的真正目的应该在维持生态平衡的前提下为满足人类的基本社会需要而有序进行，获利不能成为社会生产的唯一目的和最终指向。生态主义作为隶属于深生态学框架下的一

---

① The European Federation of Green Parties, “The Guiding Principles of the European Federation of Green Parties”, 1993，转引自郇庆治著：《欧洲绿党研究》，山东人民出版社 2000 年版，第 335—340 页。

种生态意识形态倾向，其深层追求和最终指向在于“致力于保护非工业社会的文化，使它尽可能的免遭西方工业文化侵蚀”①。与生态理性主义或者说生态资本主义的以改良主义的方式来改造占主导地位的生态破坏模式不同，深绿智库所拥护和所坚持的生态系统整体论使其更关注其他生物在生态环境中的地位和权益。

而另一方面，从对资源所有者的认知层面，浅绿色彩的智库所支持的实质上是一种深生态学的整体主义认知。具体而言这种认知表现为把自然界的资源视为整个生态体系内部全部生命体的共有财富，认为人类对资源的占有和生产将危及到其他物种的生存和发展，因而是极为不道义的和生态非正义的行为。尤其在那些激进的生态主义者眼中，整体的生态系统要维持自身的稳定必须要严格地遵循内在的自然规律。而只有停滞发展的现代工业经济和人口，才能减少对生态系统稳定平衡状态的干扰和破坏，也才能避免和减少对其他物种生存空间的进一步的挤压和侵占。

因此，与浅绿智库所奉行的生态资本主义信条下对社会生产的接纳态度不同，生态主义严厉地反对和拒斥现代资本主义社会所奉行的生产主义和一切物质主义的理念，这也构成了深绿智库在社会生产上的根本性理念与态度。当然，与环境现实的对话和联结使生态主义发生了更“接地气”的走向变化。深绿智库的生态价值观也在跟随着当代环境意识形态的发展主流趋势的节奏中进行了跟随时代的调整，在这个意义上而言，郇庆治认为“生态主义理论本质上反对经济的量的扩张的，尽管在一些观点上做了一些保留”②。按照他的理解，深绿的生态主义生产观在现代社会的转向与改变应该体现在两个层次上：一方面，发达国家根本不必要再追求经济上总量的增加，应该在经济规模稳定的基础上更多地致力于被破坏的自然生态的恢复并承担自己的历史和国际责任；而在另一方面，就发展中国家目前状况而言，虽不能立即停止量的增长，但应该尽快改变目前依赖和模仿发达国家传统发展模式的现状，尽早向一种待遇显著绿色化倾向的发展模式转换。

---

① 章海荣：《生命伦理与生态美学》，复旦大学出版社 2006 年版，第 212 页。
② 郇庆治：《环境政治国际比较》，山东大学出版社 2006 年版，第 8 页。

三、技术观：技术悲观主义

科学技术作为现代社会发展的有力工具甚至是直接推动力，也逐渐进入了生态主义的话语范围和议题关注领域。与浅绿生态价值取向的激进程度相比较而言，生态主义思想显然是一种具有更深层次蕴意的生态价值体系。完全有别于生态资本主义对现代科技炙热的崇拜和追求，深绿的生态价值观认为现代科学技术侵占了自然环境和生态平衡的领地，打破了原本和谐的人与自然关系状态。

从现代科学技术对当代社会所造成的负面效应来看，生态主义认为生态问题产生实质上是社会制度等深层次问题恶化到一定程度的外在表现。而现代社会快速发展所依赖的科技助力就是将社会和生态带入病态的重要因素。几乎所有的生态主义者都对科学技术的崇拜产生怀疑。“他们把科学技术视为一柄双刃剑，一刃对着自然，一刃对准人类自己。”① 著名的生态主义代表学者巴里·康芒纳（Barry Commona）就曾从生态主义的深层拷问出发追问过造成当代生态问题的现实原因：“我们只是正在以我们人口增长的数字使这个生态圈找到破坏吗?”他认为当然原因不仅如此，“新技术是一个经济上的胜利——但它也是一个生态学上的失败。”② 应该看到，在康芒纳那里，现代科学技术更像是放大镜一样，在极短的时间内放大了环境与经济利益之间本来已有的摩擦和冲突。因此，生态主义价值观在讨论技术与环境之间的关系问题时，技术的发展不仅不会扭转目前的环境形势，与之相反，在某种程度上，还会加剧目前的环境颓势。

而在另一方面，从宏观层面观照未来的视角，深绿的生态主义理念相信现代科学技术的发展前景为人类未来带来的不是锦绣前程，而是人类将要走向自我毁灭的悲惨境地。之所以持有这样的悲观论调，是因为生态主义认为科学技术提供给人类的不是创造辉煌人类历史的伟大武器，而是将人类进一步推向灭亡深渊的可怕陷阱。人类对科学技术的不断追求和探索，实质上则是人类对自

---

① 雷毅：《深层生态学：阐释与整合》，上海交通大学出版社 2012 年版，第 6 页。

② ［美］巴里·康芒纳：《封闭的循环》，侯文蕙译，吉林人民出版社 1997 年版，第 120 页。

然无尽占有的贪婪欲望的反映。在科技哲学领域卓有建树的美国学者弗里托夫·卡普拉（Fritjof Capra），其同时也是加利福尼亚与伯克利生态文化中心的创建者，对当前技术的前景表达了带有明显生态主义消极色彩的尖锐评论。他曾这样描述技术表象下的人与自然关系："我们的科学和技术建立在一种偏执的理念，即人统治自然，并且在现行的科学与主流价值体制中出现了一种人类主宰一切事物的趋势。"① 奈斯也同样表达了这种技术失望论调，他认为一直以来主流传播的所谓技术的不断发展能不断解决出现生态问题的观点是错误的，恰恰相反，"科技在现代与之前相比已经越来越凸显其无用性，其甚至都不能满足人类的基本需求。"② 由此可以看出，在面临着技术与自然之间的选择问题上，生态主义的天平显然做出了倾向于生态和自然的偏转。

因此，在这个意义上看，深绿是一种与浅绿的生态价值观相去甚远，具有完全不同的生态意蕴认知。与浅绿智库的生态价值观相比，深绿智库所依赖的生态价值观对技术的生态影响始终保持着怀疑与质疑的排斥性消极态度。

四、消费观：极端简约主义

简单而言，根据生态主义价值观的理解，真正理想的消费模式与消费状态应该是人们基本需求得到正常的满足，而又不至于影响和打破人与自然之间原有的和谐程度。但是在具体的设想上又是非常复杂，也是常常会陷入自相矛盾的。正如奈斯曾在《生态学、社区与生活方式：生态智慧的框架》一文中提出的，"当人类开始对当今社会能否满足爱、安全和与自然亲近等人类的基本权利要求提出问题时，也就在事实上对当代社会的基本职责提出了质疑。"③ 通过这段文字我们可以体会到奈斯思考的问题核心，他在事实上提出了生态主义关于消费与生态之间关系这一关键性问题。笔者认为，生态主义关于消费的

① Fritjof Capra, "Deep Ecology: A New Paradigm", in George Sessions ed., *Deep Ecology for the Twenty-First Century*, p. 45.

② Stephan Bodian, "Simple in Means, Rich in Ends: An interview with Arne Naess", in George Sessions ed., *Deep Ecology for the Twenty-First Century*, p. 62.

③ Arne Naess, *Ecology, Community and Lifestyle: Outline of an Ecosophy*, Cambridge University Press, 1990, p. 121.

理念集中体现了人在利用自然界中的索取的比例，也就最能反映“生态主义”激进的色彩。其关于“消费”的观点至少可以从以下几层意义上来进一步理解。

在如何看待和评价人类现代化的消费方式的问题层面，生态主义主张其内部是可以与多样性多元化的生活与消费方式并存的。不过，深绿生态价值理念的根本观点与前提是反对一切满足人类基本需求之外的过度消费，也就是将人类消费需求降低和维持在刚好维持生存需要的极端简约水平。因为，在深绿智库看来，这种超过基本需求的消费为生态和自然带来了极大的伤害。这意味着事实上，深绿思想理念并不否定和排斥人类和其他物种维持生命延续所需要进行的基本性消费。深绿的生态价值观承认消费行为是人类和其他物种生存延续所必须经历的自然互动过程，却极为反对无限度地扩张和增加不合理的消费需求。比如在奈斯看来，人们的物质生活标准应该急剧降低，而生活质量在满足人深层的精神方面却要维持或者提高现有的水平。增长的精神生活消费能提高和改善生态环境的质量。

不过另一方面，就消费需求与自然环境破坏之间的关联性而言，深绿生态理念认为现代社会极速扩张的消费欲望与消费需求是导致目前不合理与不和谐的人与自然关系的一个重要根源。生态主义认为，自然资源的有限性、共有性以及非可再生性决定了人们进行超过基本生活需求的消费将必然对生态环境造成损害。过剩的消费不仅加深了对自然资源需求的紧张程度，更为重要的问题是，其还在资源再生产与消耗过程中对整个环境造成了重复性和叠加性的污染。所以，深绿的生态价值观强烈反对浅绿所主张的“绿色消费主义”思维逻辑。

不仅如此，由于激进的生态主义的理念最开始是作为一种社会运动思潮演进的，和新社会运动中的其他主题一样，生态主义也聚焦和关注正义问题，其强调人与其他生物物种之间的平等地位关系，也极为关注人类内部的环境权力平等和其他具体的生态正义问题。生态主义认为，如果从消费与公平正义之间的关系来看，消费的不同水平也会在一定程度上潜在地加深人们生态以及社会不公的感受程度。与现代化的规模大生产一样，不断扩张的消费需求也是近两个世纪以来人类经历了三次工业革命洗礼之后出现的现象。因而，从生态主义的生态价值看，现代性产生的消费需求带来的不是战胜自然的甜蜜，而更多的是人类自制的苦果。这种判断应该从两层意义上进行理解，一方面是现代性消费包括生产性消费与生活性消费。生产性消费意味着进一步扩大再生产会带来更多的自然资源消耗与环境污染代价。而生活性消费，不仅愈加放大与凸显了人们物质生活的不平等，在另一方面，其还进一步直接地加剧了人与自然之间的紧张关系。因此，深绿的生态价值观将过量的非理性消费作为造成人与自然之间关系隔阂的重要根源而强烈反对。

总体而言，深绿智库内在根植的生态主义价值观是从自然高于人类的优先地位出发，尽力维持生态的原始状态以及自然环境的平衡状态，反对不必要的消费所造成的生态损害以及因此所致的环境非正义现象。

第三节　深绿智库的政策主张

深绿智库在内在价值上依赖的“生态主义”态度在很大程度上是一种关于社会发展方面完美的理论规划与前景设计，但是在现实中与西方社会中经济发展主义盛行的主流价值趋势之下，深绿智库为了寻求和实现政策研究的现实转化必须在一些细节上做出一定妥协。因而，在实际中呈现出非常有趣的现象，即深绿智库在面临现实情况与价值理念之间两难选择的矛盾时刻，深绿智库只能在有效的空间下尽可能地在一些根本性的主张上保持了自己深绿色彩特质，而在局部政策或者具体实现举措上做出了偏向于实际政策的调整和改变。

一、经济政策：强烈的反核态度与生态主义经济

在经济政策上，深绿智库往往是以一种与主流新自由主义经济政策的反对态度存在和确立其地位的。也即是说，在对待经济发展的可持续性要求上，深绿智库持有非常坚定的生态主义的态度与政策主张，对政府主导的经济增长模式保持强烈质疑和批判的态度。简单而言，深绿智库主张的是一种超越增长与物质主义的经济发展模式。其认为经济发展效率不是经济政策的唯一指向，经

济繁荣景象也可以不依赖于经济增长。

首先，深绿智库本质上并不认同民族国家政府在经济政策上极力倡导的所谓“绿色经济”的环境政策主张，认为这些主张虽然能够为技术生态转型提供动力，但是在实际上却不能为环境的改善带来实际功效。绿色经济只关乎效率和生产率等商业参数，其理念并没有被放入社会与环境的规范、法律和标准中考量。[①] 无论是“绿色增长”还是“绿色经济”的概念都没有从根本上改变以经济价值论衡量人类行为对环境的自然资源消耗的现状。无论是何种称谓的环境经济战略，实质都是把自然资源作为经济发展的基础，对自然价值进行成本核算，或者估价的战略。实际上并没有真正的从经济政策上珍视自然，而解决环境问题的关键就在于此。自然资源的消耗甚至破坏的可能性却并没有因此减弱。[②] 但是在现实上，深绿智库不得不接受了绿色经济的某些信条，并在能改善的范围和空间下尝试实现环境政策的进步与改变。德国绿党基金会伯尔基金会的主席芭芭拉·翁米斯希（Barbara Unmüβig）公开提出了对传统的西方语境的工业化模式以及对经济增长概念认知的批评，她指出将发展认为是经济增长，而忽视了社会方面的、环境方面的发展是极其错误的。[③]

深绿智库倾向于主张改变原有传统的“污染者付费”模式，因为其在根本上仍然是把自然资源资本化的一种手段。因为就这种将自然资本的外部性内部化解决方案而言，实质上是资本主义经济中一种极为不平衡和片面的自然对待方式。从更具建设性的层面，深绿智库反对政府财政紧缩的经济政策，开始倡导“绿色新政”的经济和财政政策。具体地看，“绿色新政”是指在近年欧洲深陷经济危机，政府一直依赖推行的财政政策的不稳定性与不平衡性缺陷逐渐暴露出来的宏观背景之下，主张政府部门通过确立整体宏观的经济政策作用于财务状况、通货膨胀、就业率等具体指标，将经济发展范式进行完全的更新

① 凤凰网：《海因里希·伯尔基金会主席：拯救地球的另一种尝试》，http：//news. ifeng. com/world/special/rio20/content－2/detail_2012_06/08/15159600_0. shtml。

② The Merits and Perils of a New Economy of Nature，Heinrich-Böll-Stiftung，Berlin，February 2014. https：//www. boell. de/sites/default/files/on_value_of_nature. pdf.

③ ［德］芭芭拉·翁米斯希：《环境问题离不开民主和参与》，转载于共识网，http：//www. 21ccom. net/plus/view. php？ aid＝96297。

与推进。① 深绿智库倡导国家在经济发展进程中改变资本积累的模式，如果没有彻底改变经济模式下的资本积累方式和克服无限度的增长欲望，则就无法真正实现可持续发展。

同时，需要指出的是，深绿智库仍然强调经济领域的民主对于整个社会民主状态和经济发展质量提升所具有的重要意义和价值。这根源于生态主义的核心价值，“生态主义主张经济的基层民主，也同主张政治的基层民主一样，是为了最终消灭剥削，实现社会公正并最终确立人与自然生态和谐的生态社会”②。深绿智库也正是在这个角度对经济民主极为强调，因而反对政府对经济过多干预的凯恩斯主义与计划经济体制。

其次，在经济技术手段层面，深绿智库在核能的使用上一直是作为坚定反对者的角色。这一方面是由于绿党基金会的背后支撑组织——绿党以及其他深绿智库很多都是在20世纪轰轰烈烈的反核运动中逐渐形成起来的，反核能政治主张的演变几乎与深绿智库的发展呈现为两条并行平行线的演进形态。另一方面，对核能的利用成为很多浅绿智库的能源转型路径主要依赖的技术革新形式。反核能的主张是深绿智库自身乐以标榜的，并且也是其成为自身与其他智库产生鲜明区别的政策特质。深绿智库的反核主张主要是要求各国完全停止任何核能技术的发展与扩张，并且彻底关闭目前已经建成运行的核电站。深绿智库认为，由于建立在核电能源上的发展对环境和经济以及安全问题造成了负面的危险和影响，核能对于环境和整个人类的安全而言是无法接受的极大风险。而作为激进的环境非政府组织，绿色和平组织也提出和倡导“终结核能时代”口号。正如在官方网站中所明确的组织使命中关于在核能议题上的定位一样，“绿色和平组织一直致力于，并且将继续——始终不渝地坚持反对核能的主张”。而绿党智库更是以利用核能技术的反对者而著称。绿党以“生态优先”、非暴力、基层民主、反核原则作为绿党建党之初的几个核心性原则。绿党倡导

---

① European Green Party: The macro-economic and financial framework of the Green New Deal, https://europeangreens.eu/sites/europeangreens.eu/files/imce/GND%20Adopted%20Policy%20Paper%20-%2020101010_AY.pdf.

② 金纬亘：《政治新境的开拓——西方生态主义政治思潮研究》，天津教育出版社2006年版，第102页。

的这几个主要的方面一直到现在都依然是绿党立党的直接根据和根本原则。比如德国绿党智库在核能政策上的主张效果表征得尤为明显。在1998年绿党由于反核主张得到了社会认同，也与社会民主党共同获得了主政的政治机会，尤其是在日本福岛核电站泄漏事故发生之后，德国政府宣布将在2022年之前关闭境内所有的核电站，这是德国在核电问题上对深绿主张的一次妥协，也是深绿智库在核电政策上取得成功的一个侧面的表现。

第三，深绿智库主张在贸易上尽可能减少不必要的过多环境负担，并且在消费方式上趋向于主张激进绿色化的消费模式。与浅绿智库极为相近的是，深绿智库也主张通过具体的税收倾斜，引导绿色消费习惯的养成改变。例如，罗马俱乐部就主张“要用适度消费的道德观代替过度耗费的神话”①，这不仅是罗马俱乐部在消费领域的主张，实际上也集中地代表了大多数深绿智库的观点。一种理念上的超越和培育是遏制过度消费倾向的利剑。而德国绿党基金会极力主张的“生态税”制度，则是从政府的财政手段进行的一种政策导向。主张通过实行“生态消费税”的征收从而调整生态产品与非生态产品之间的赋税比重，起到调整与矫正消费模式，引导实现合理生产与绿色消费的良性互动模式的目的。

二、政治政策：生态民主与全球和平

深绿智库对政治生活的设计与具体建议，涉及民主的基本理念与具体政策是具有很多理想主义色彩的，这与深绿智库在政治观上的理想主义有着根本关联。激进深绿的政治观主张的是一种绿色无政府主义，是人与自然关系政治化意识的表现，意味着将自然和环境的有限性和自由发展置于国家之上，反对和排斥现代国家对自然的压抑和束缚。② 在国家内部或者区域内部，深绿智库追求完全意义上的民主，拒绝阉割的政治权力，主张赋予公民彻底的和全面的民主权力。绿党智库的主张同绿党的政治诉求极为接近，也希望能够“使人们

① 张云飞：《罗马俱乐部的生态道德观述评》，载《道德与文明》，1989年第3期。

② Dana M. Williams, “Red vs. Green: Regional Variation of Anarchist Ideology in the United States”, *Journal of Political Ideologies*, 2009, pp. 189 – 210.

有权决定政治、经济、文化地影响他们生活条件的方式和选择自己的工作的生活方式”[1]。英国激进的生态主义者乔治·蒙贝尔特（George Monbiot），也是绿色原教旨主义的坚定支持者就是深绿智识人士的一个典型性代表，他从深绿视角对民主进行了深入的揭露，认为民主尤其是西方国家的民主并不是为整个社会民众的利益服务的，而只是为极少数人群服务的。“政府对经济的管理与经营并不是为了这个国家的公民，而是为了极少数跨国性的精英群体。”[2]正如乔治·蒙贝尔特的认知那样，深绿智库追求的是一个能够保证完全平等的政治环境与真正保障基层民主的成熟政治制度。

在具体的政治体制层面，深绿智库主张营造和形成一个充满活力并且不断地趋于改善的民主化政治生态。深绿智库主张通过最大程度的多党制来实现这样的政治生态，需要政治环境扩大对党派多样性的容忍度，使政治议题不再集中于少数几个既存性政党的私有空间内。不仅如此，深绿智库主张一方面要为扩大媒体、基金会和学者等政治生活中基本主体的话语传播范围与直接影响力创造发挥空间与条件，因为这些媒体或者研究机构是沟通政策领域与公众之间的重要地带，而直接与广泛民主的生存土壤从根本上还是在于民主的公众基础；深绿智库对不同层次治理模式的基层民主制度建设也进行了具体的设计。比如欧洲绿党基金会发布的一篇报告《欧洲民主的未来》中认为，“虽然目前在欧盟层面，各种党派、基金会甚至市民社会已然获得或者部分地获得了一些表达政治诉求的可能性渠道，但是就目前来看这些都远远不够，而且出现了利益诉求和政策主张趋于固化的倾向。根本问题在于一个活跃的政治生态应该是建立在各国政党能够真正超越民族国家和党派的限制，自由表达利益诉求的机制。”[3] 由此可见，深绿智库更多的是试图通过营造自由的政治生态环境，为基层全面民主提供便利条件。

在面向外部的国际交往政策层面，深绿智库主张和平原则在外交政策上的

---

① 郇庆治：《欧洲绿党研究》，山东人民出版社2000年版，第123页。

② George Monbiot, On How Modern British Politics Works, http://neilclark66.blogspot.com/2011/02/george-monbiot-on-how-modern-british.html.

③ The Future of European Democracy, https://www.boell.de/sites/default/files/Endf_The_Future_of_European_Democracy_V01_kommentierbar.pdf, p.47.

集中表征在以下几个方面：首先是军事的原则是防御而不是干涉，主张国际合作策略而不是军事策略；二是倡导关涉人类安全和人权的真正意义上的安全概念；三是发挥各种形式的社会组织在和平与安全问题上的功能；四是在国际和国家层面建立与加强预防安全危机的合作机制。

具体而言，深绿智库主张民族国家在发展国际双边或者多边关系的时候遵从和平的首要外交原则，以免导致形成国际冲突与战争局面。深绿智库本质上反对任何形式的冲突、战争以及军备竞赛。在当代，高科技战争由于具有了极大的摧毁力和破坏性，不仅耗费资源造成环境灾难，还会对人类最基本的生存权构成威胁。深绿智库主张减少国家的军事支出，并且反对对任何国家和地区的武器出售。深绿智库认为，提高一个国家在国际上的政治影响力不应该以武器和军事的国际性扩散程度为评价标准，而应该在通过彰显民主体制的政治优势与政治危机的克服能力上得到体现。

三、社会政策：环境正义和生态公平

在社会政策上，深绿智库的主张全面彰显了生态主义内置的平等理念。具体来看，这种平等理念体现在以下几个层面。

首先，深绿智库对社会平等的政策主张表现出更为强烈和激进的倾向，深绿智库明确地反对任何形式的性别、种族、宗教、政治取向以及经济地位和社会阶层的不平等现象。从根本上说，这是由于深绿智库对其所依赖的生态主义理念，尤其是自然圈平等主义的信条对自然界内所有物种的平等权利极为强调。深绿智库主张人群中的完全平等，具体表现在对女性与男性之间的性别平等问题与同性恋群体的平等待遇问题等。尤其是在性别平等问题上，深绿智库更是坚定的支持者和实际的行动者。一方面，人类群体内部的两性之间的相对关系问题也是深绿智库所关注的核心社会性议题之一。深绿智库主张女性应该无条件获得与男性同等的社会地位与基本权利。比如，德国绿党基金会实质上就主张在政治领域、社会机关和研究机构的主要负责人员任职男女同等的任职比例，并且在实际的组织运行上，绿党智库也切实地坚持和贯彻了这个基本原则。

在另一方面，同性恋群体的平等地位也是深绿智库所关注的重要议题领域，对同性恋的支持性主张也是深绿智库与其他绿色智库在社会政策上分歧最大的地带。从同性恋群体的公平性看，根据深绿智库的生态价值取向，作为人类内部的不同性别取向的差别不应该成为他们享受公平权利的障碍。而从历史发展上看，在20世纪新社会运动开展的时代，生态运动的雏形即反核运动与女权运动、同性恋运动等其他主题新社会运动一起推动了当代社会思潮的整体变迁，其共同对抗现代性，因而结成了稳固的联盟。深绿智库一般认为，同性恋者应该获得与普通公民同等的婚姻权利，法律规定保护婚姻和家庭生活的条款并不意味着要歧视同性恋者。深绿智库提出，尊重和包容同性恋现象与实现同性恋者的待遇平等化实质上是尊重两性关系多样性的表现形态，也能在一定意义上促进当代社会多元文化的进一步融合。

其次，在就业政策上，深绿智库倡导通过绿色就业为劳动者创造工作平等的客观条件。绿色智库认为，要与经济上的减碳化目标保持一致，在就业政策上也要积极引导劳动者更多向无碳化产业的就业转移，这也是欧洲绿党在国家和欧盟层面所倡导的“绿色新政”战略中的“绿色就业”政策。这其中很大一部分原因也归结于煤炭产业等传统污染行业生产效率的不断提高，将不再需要保持像过去一样煤炭行业的生产规模，另一方面，就煤炭工人的具体生产环境而言，清洁能源行业的发展前景和工作条件都显著优于传统煤炭行业。因而，深绿智库对清洁行业中的就业机会表现出更明显的倾向性。与此同时，深绿智库提倡发展更多新的环保产业，其原因在于不论是从事高端技术工作还是从事低端技术工作的工人在这些绿色产业所面临的工作环境的差距也将会逐渐缩小。就欧洲绿党基金会关于绿色新政的研究议题而言，其对绿色就业政策的推崇从具体建议上看，就表现在其主张提高在绿色就业中就业者的最低工资标准，保障绿色从业者的工作环境等具体诉求。

不仅如此，在教育领域，深绿智库依然主张将一直坚持的社会公平理念注入和全面体现到政府的教育政策中。深绿智库注重保证高校的开放性和教育的公平性，尤其反对各种形式的教育收费制度。在职业教育方面，深绿智库主张为了适应绿色新政战略的发展要求，政府要完善终身学习和绿色技能培训等具体职业培训机制。①

毋庸置疑的是，大多数绿色智库或多或少都会在与绿色环境议题相关的社会福利政策上主张一种消费的绿色倾向，而深绿智库的不同在于其主张显然持有的是一种更加激进的态度。欧洲绿党智库认为目前欧洲社会的税收压力表现为过度集中于中低收入人群，因而其主张通过政府财政杠杆的调整，引导福利政策在不同群体之间的分流和平衡。而在社会中人口流动的政策层面，深绿智库非常反对对移民行为的限制政策，主张赋予不同国家和地区的公民自由流动的合法权利。在欧洲内部尤其是部分经济发达的国家，移民问题日益成为一个受到广泛关注的社会问题。特别就德国实际而言，其所面临的比较显著的社会问题就是土耳其大规模移民所带来的一系列经济社会问题。一方面，土耳其移民为老龄化的德国人口现状带来了活力，为德国经济发展提供了足够的劳动力，对人口老龄化经济发展的冲击起了缓冲效应；而在另一方面，与移民问题形影相随还有内在的文化融入的问题，不同民族的文化冲突实际上也为德国的教育、文化与社会稳定带来了一些不稳定因素。② 深绿智库主张对移民人口从语言、文化、教育等具体方面进行全面扶持与人文关怀，从而减少社会对移民人群的社会排斥与歧视现象。而从更深层的“大自我”视角出发，深绿智库进一步主张改变将移民作为短期工作人员的现存政策，主张通过立法改革等措施给予移民人口合法全面无差别的市民化待遇。

第四节　深绿智库案例——德国海因里希·伯尔基金会

德国绿党是世界上较早成立的绿党，同时也是世界上第一个国家层级大选的绿党，被公认为最成功、影响最大的国家绿党。应该指出的是，德国绿党从议题选择、学术佐证到社会动员，最终应用执行在一定程度上都离不开自身智

---

① 欧洲绿党基金会绿色新政研究专题，http：//greennewdeal. eu/jobs-and-society. html。

② Heinrich-Böll-Stiftung，Current Immigration and Integration Debates in Germany and the United States：What We Can Learn from Each Other，2013.

库的理论塑造与思想支持。

德国绿党的智库海因里希·伯尔基金会（英文 Heinrich Böll Foundation，德语 Heinrich Böll Stiftung）是隶属于德国绿党独立合法的政治基金会[1]。海因里希·伯尔基金会最初成立在1987年9月19日，是一个历史相对比较久的基金会组织，其命名实际上来源于德国著名作家、诺贝尔奖获得者海因里希·伯尔的名字，意在象征与表达基金会所追求的民主勇气、独立思考与自由表达的内在价值。作为德国绿党的智库，该基金会基本的目标定位是通过政治教育与影响以促进国内外的生态民主决策和社会政治参与。伯尔基金会建立在生态、民主、团结和非暴力这四个基本政治价值原则之上，重点关注与推进全球化与可持续发展、欧洲的能源、外交与安全政策、德国的绿色新政等相关议题与领域的理论与政策研究，以及与之相适应的对大众政党价值观宣传与社会政治教育功能。

绿党基金会的组成人员主要由党内的知识精英组成。德国的政党基金会的一个重要特质是成员与党员制度化的密切关系。[2] 因此从绿党基金会成员的主要人员结构看，绿党智库大多数成员也是联盟90/绿党的党员，当然也包括一些认同基金会价值的政府官员、大学教授或者研究所研究员以及环境非政府组织成员。基金会的核心机构也即是最高决策机构是基金会代表大会，每半年在德国首都柏林举行。代表大会由基金会内的49名精英代表构成，这些代表是在提名的基础上由全体成员直接选举产生的，任期为四年。为彰显基金会对男女平等的重视，基金会设置各一位男女主席。代表大会还选举产生由9名常务委员构成的监督委员会，其职责是负责监督基金会的运行与资金使用状况。绿党基金会作为学术机构的表现是其特别设立了绿色学术专家委员会（Grüne Akademie），负责评审学术奖学金与参与生态议题、性别平等等跨学科的多种课题研究[3]。这在一定程度上吸引了更多领域的学者参与基金会研究，扩大了

① Wikipedia，Heinrich Böll Foundation，http：//en. wikipedia. org/wiki/Heinrich _ B% C3% B6ll _ Foundation.

② Ulrich Heisterkamp，Think Tanks der Parteien?：Eine vergleichende Analyse der deutschen politischen Stiftungen，Verlag für Sozialwissenschaften Seit208.

③ 伯尔基金会绿色学术专家委员会，https：//www. boell. de/de/die-gruene-akademie-der-heinrich-boell-stiftung。

智库的知识与智力资源储备、拓宽了研究议题的领域。不过总体而言，绿党基金会的议题选择仍然与绿党的政治诉求有非常紧密的关系。

一般而言，德国智库的资助来源主要依赖于联邦政府的财政支持。对于“准政治化”的政党型智库来说，这种特质就表征得尤为明显。根据德国法律规定，政党智库可以根据在议会获得席位比例而获得一定的财政预算作为经费支持。联邦政府对党派基金会在经费方面的支持表现在一方面是政府设立的部分用以支持政党基金会运作的财政预算，另一部分是联邦政府部门设立的研究课题经费。[①] 绿党目前是德国的第五大党，这意味着海因里希·伯尔基金会每年大概能够分配4700万欧元的公共财政预算。来自政府的资助占基金会所获资助的90%以上，因而毋庸置疑成为其最大的资助保障。不仅如此，基金会依然拥有获得资助的其他不同渠道。比如，一些认同基金会绿色政治价值的大型企业捐助，以及不少支持绿党事业与生态理论研究的公民个体通过私人捐助的方式支持基金会的发展，这些渠道也成为其非常重要的资金来源。

绿党智库作为政党型智库与政党和国家政治生活有着得天独厚的位置优势。因此绿党智库最为有效的影响策略就是“上传式”建言献策。总体而言，国家的未来环境保护规划与发展趋向对德国绿党的政治主张及其智库的研究趋向会产生最直接的引导作用。在这个基础上，海因里希·伯尔基金会实际上成为论证与检验绿党改革提议提案的演练场与实验室。目前，基金会特别关注经济的绿色转型研究，尤其是关键产业的可持续转型计划。一方面，近些年来，为了配合绿党的竞选策略，基金会特别注重对绿党主张“绿色新政”议题领域的论证研究。而在另一方面，基金会主推的重大研究项目成果也将通过绿党议员直接向国家议会推介，这种直接、高效的影响方式是绿党智库得天独厚的优势。其次，对大众的宣传教育是绿党智库尝试全面发挥影响力的重要路径。一方面，策划与组织在生态民主、国际关系、性别民主等广泛领域的交流活动和发行出版物，为方便民众了解研究成功，把最新研究成果通过多样化的媒介与平台向社会展示与开放。自1992年起，海因里希·伯尔基金会向社会每年公开发布研究报告，基金会支持下发行的出版物基本都能够从官方网站获取电

---

① 袁峰：《政治基金会：德国政府与政党的公共智库》，载《甘肃理论学刊》，2015年第6期。

子版本。作为政党智库，还特别重视与新闻媒体之间的关系，通过多种媒介发挥智库的影响力。基金会不仅通过传统的纸质媒体，比如德国《明镜周刊》（*Der Spiegel*）等平台宣传刊布观点，还借助当代互联网知识快捷传播的优势，定期将学术会议、座谈会的举办情况整理并上传共享到国际视频网站以及各类社交门户网站以供大众查阅。再次，虽然基金会的学术对话并不是其发挥影响的传统优势和擅长路径，但是其也积极尝试对重点关注的环境教育、可持续发展和民主决策议题研究制定远景的学术规划，并采用多样化的影响方式，比如定期举办环境领域学术会议、微型研讨会等形式与环境学界前沿进行直接对话。与此同时，特别鼓励和支持高水平人才参与基金会重点支持领域的环境政策研究，并提供奖学金项目与国际调研机会。在关注和推动德国的政策之外，基金会试图扩大自身的国际影响，通过举办国际研讨会、跨国性的科研项目合作等形式在国际层面发挥影响力。不仅如此，基金会还在世界上很多国家和地区成立了多个办事处，尤其在亚洲设立了北京办事处负责在亚洲地区生态文明进程的推进。[①] 基金会专门成立了国际交流促进基金会，定向服务于与其他国家研究机构的合作伙伴关系，特别是服务和促进在如生态民主，国际性别民主（男性和女性之间的平等）等议题方面的合作。

绿党在 1998 年德国大选中获得 6.7% 的得票率，获得联邦议院 47 个席位，通过与社会民主党的联盟，实现了第一次联合执政，从而谋求了一定的实际政治地位。在 2002 年大选，绿党的得票率继续提升，达到 8.6%，并且获得了联邦议院 55 个席位，两党的联合执政继续保持，保障了一定的政治和政策稳定性。在这个长达 7 年的时期，绿党包括基金会的很多议题比如反核、和平与性别平等等议题也通过绿党与社会民主党的联盟结合，并且得到了一定程度的实现。可以说，是外部有利的政治机会环境给予了绿党基金会影响力充分施展的空间。但是在 2005 年议会提前解散之后，绿党很快丧失了自身的执政地位，也因此丧失了很多政策实行的有利空间。绿党基金会虽然依然信奉和坚持激进的环保理念，但是实际的政策转化能力有了比较大的削弱。因而，可以认为，绿党基金会的影响力在一定意义上是与其政党的实际政治地位与外部政治环境

① Heinrich Böll Foundation，https：//www. boell. de/de/1989/index－309. html.

紧密相关的。客观而言，绿党基金会本身还并没有获得足够的独立影响力，依然需要继续依赖和借助绿党自身的政治地位的提升而获得进一步成果孵化条件。

总体上看，德国绿党基金会对国际政策的影响重心和空间范围主要集中于在欧洲地区。德国绿党基金会与欧洲其他国家绿党智囊组织之间建立了一种类似于“政策网络”的交流媒介，形成了一个联合的交流环境。伯尔基金会与德国绿党（也就是联盟90/绿党组织）保持着密切的业务往来与合作联系。在德国国度内，绿党基金会在德国本土所有的16个州一级层面都设立了基金会的分支组织。而在欧洲地区（包括波黑的萨拉热窝、波兰首都华沙、捷克首都布拉格、比利时布鲁塞尔、希腊的塞萨洛尼基、俄罗斯的莫斯科、格鲁吉亚的第比利斯、塞尔维亚的贝尔格莱德、土耳其的伊斯坦布尔以及乌克兰的基辅）也建立了基金会的分支组织。这当然从根本上是由于德国国度与欧洲大陆便利的地缘关系，也是与欧洲地区环境政治的历史传统或者环境政策话语和发展平台的成熟程度直接相关的。

与此同时，伯尔基金会也是一个在组织的目标定位上放眼国际的跨国性组织，在大约60个国家或者地区拥有着超过100个的合作伙伴及项目。[①] 尤其是近些年来，伯尔基金会显著地拓展了政策影响空间，表现在对外交流范围的外扩和延伸，包括北美、拉丁美洲、非洲地区设立了办公室。特别需要强调的是，其将关注领域拓展到了亚洲地区，在包括阿富汗喀布尔、柬埔寨金边、印度新德里、缅甸仰光、巴基斯坦伊斯兰堡、泰国曼谷和中国北京等地都设立了办事处。尤其是在2013年10月，伯尔基金会中国办事处与我国的共识传媒一同举办了一次中德发展论坛，影响和规模都比较大。一些代表学者开展了以“转型与共识：全球化视角下的可持续发展”为主题的对话交流。包括伯尔基金会的主席芭芭拉·翁米斯希女士，以及国内著名学者包括清华大学历史系秦晖教授、中国社会科学院的李国庆研究员等以及国内其他环境组织的负责人参与了这场对话讨论。这次对话交流也得到了国内媒体的广泛介绍和宣传。活动的举办可以认为是伯尔基金会在中国以及亚洲开展智库影响工作的

---

① Heinrich Böll Foundation, who we are: https://www.boell.de/en/foundation/who-we-are.

一个侧面展现，在一定意义上能够说明伯尔基金会的国际性推广所取得的影响力。

对于伯尔基金会而言，政策的转化有效性与政党有着直接的和根本的相关性。绿党的政治地位的变动对于伯尔基金会的政策研究转化效果的影响几乎是具有决定性意义的。具体看，当国家和社会对于环境议题的主张和诉求呼吁最为强烈的时候，绿党与绿党基金会往往能够得到更广泛的支持，比如 1998 年之后的绿党的选举表现一直在走强，实际上伯尔基金会的影响也是随着绿党的支持率上升而增强的。不过，绿党基金会的这种环境主张相对于德国境内浅绿智库温和的适用性的政策产品而言，往往仍然还是相对激进的和理想化的。就目前的情况而言，伯尔基金会的影响效果的发挥依然只能局限在非常有限的范围，在一定程度上为德国深绿生态理论研究提供一个学术交流的对话平台，一方面也能够在引导与培育社会民众生态意识的继续发酵。而至于在议题向环境政策的有效转化的提升层面，在短期内伯尔基金会依然只能依托于绿党实际政治地位的不断提升。

本章小结

由于在生态价值观上的深绿色倾向，深绿智库倡导的生态主义在生态价值观还是政策主张上都仍然带有更多的理想主义色彩，或者说在实现方式和路径的选择上显得非常激进。比如深绿智库往往主张通过特别强硬的手段实现促进民主和维护人权的目标，主张采取直接行动的方式防止全球生态系统的破坏，绝对捍卫个人的自由与权益，反对国家和经济权力的过度干预，激进地抗议社会不平等，强烈关注和预防地区之间冲突和危机，等等。这些具体的政策主张或者议题倡议都充分表明，在当前深绿智库的激进色彩依然没有淡化。

深绿智库对生态和环境改善的具体设计的迫切性倾向与强烈性诉求对于推动生态环境的改善无疑是具有重大意义的。但是就当下的决策环境而言，这却远远超出了西方社会决策主体对于环境政策的本来需求与接受程度，也就是在深层的生态价值取向上难以达成共识性认知，因而在实际上难以实现政策的有效转化。这个困难的直接体现就是在西方社会的深绿智库阵营中，除绿党智库之外其他类型的深绿智库无论是在组织规模层面还是在实际的政治影响力方面都相对较为弱小。这当然在一方面是由于绿党智库具备了支撑性的政党组织形式，能够对绿党智库提供一种较为有力的组织支持；而另一方面也是因为深绿智库的其他组织形式在政策主张上太过激进，智库产品及政治诉求很难进入决策者的参考视域。

激进的深绿智库试图通过这种强烈的主张改变人类与自然的根本认知方式，这在本质上违背人的认知规律与社会发展的一般规律的理念，难以获得社会大众的情感共鸣，更难以取得决策主体的价值认同与认知共识。这种激进思想的开山鼻祖利奥波德后来曾反思这种思想并预测未来前景时，指出他自己所提倡的道德伦理观是要求美国人彻底调整他们考虑的基本优先性问题，要求他们彻底调整行为方式，这种道德伦理意味着要对美国 300 年来的行为进行约束，在实际上“剥夺了美国人百年来在与自然交往时习以为常的自由”①，因而不会得到这些美国人的支持。正如利奥波德对这种激进思想前景的悲观主义预测一样，在目前的政治环境下，如果持有深绿生态价值取向的智库仍然激进地坚持这种思想取向并且在政策的具体主张上反映出来，其要面临的将是一个发展前景较为暗淡的未来。当然，即使理想化的深绿智库在现实面向中面临重重阻碍，也要肯定这种理想化激进主义议题的绿色智库，因为其存在也意味着一种理想主义的生态价值理念昭示，也潜在地推动着社会环境政策向自然和生态的最佳状态不断趋近。

---

① ［美］罗德里克·弗雷泽·纳什：《大自然的权利》，杨通进译，青岛出版社 1999 年版，第 89 页。

第五章　红绿智库的主体、生态价值观与政策主张

从其内在的生态价值取向上看，红绿智库是“红色”社会主义潮流与“绿色”生态主义潮流两种色彩混合而成的产物。不同于绘画过程中对颜料色彩的勾兑和调配，社会主义与生态主义之间的融合并不是一种简单的物理现象，而是两种系统化思潮动态互动的复杂汇集。在这个意义上，由于受到两种生态价值的影响，红绿智库也并不是只有单一的模式，而是拥有纷繁复杂的多样形态。本章对红绿智库的主体模式、思想渊源和政策主张的分析，力图尽量完整地理论还原和全面展示红绿智库的本真状态。

第一节　红绿智库的主体与组织架构

作为两种独特的社会思潮，社会主义思潮与生态主义思潮在事实上仍然处于一种激烈碰撞、交融而又难分难舍的互动进程之中。因此在这个意义上，红绿的生态价值取向本身就是正在生成中的新鲜事物，并没有完全定型或者固化。在现实中，不少研究组织在政策研究取向和利益旨趣指向上都或多或少地带有社会主义与生态主义两种思潮的部分特点，然而事实上又很少存在一种绿色智库可以界定为是完全意义上的红绿智库。也即是说，在红绿智库的界定问题上存在着由于两种思潮之间融合程度不同所导致的组织界限模糊与厘定的难题。

可以说，红绿智库的主要组织形式主要是具有不同形式的或者不同比例的红绿色彩融合而成的组织或者议题项目。根据对西方绿色智库的经验性分析和观察，笔者认为大致包括以下三种具体形式的智库模式：一种类型是社会主义党派智库中的绿色议题项目或者特设环境议题组织，在这个类别下比较有代表性的就是西方国家共产党、社会民主党以及左翼党等具有传统社会主义意识形态党派智库中的环境议题项目；另外一种类型则是红绿价值取向的理论研究机构，这种类别的红绿智库组织形式以学术团体为主，形式相对比较多元和灵活，一般而言，不一定形成制度化的组织机构，并且常以空间分布较为分散的学术流派为呈现形式。

一、左翼政党基金会

在社会主义意识形态色彩的红绿智库形式中，德国社会民主党的智库则是弗里德里希·艾伯特基金会（Friedrich Ebert Stiftung，简称 FES），成立于 1925 年，是德国目前历史最为悠久的也是规模最大的政党智库。基金会的命名是为了纪念德国第一位通过民主选举形式而产生的总统弗里德里希·艾伯特，与社会民主党的自身的政党定位相似，社会民主党在传统左翼与现代第三条道路的社会民主主义理念和旗帜之下更关注与社会发展紧密相关的政治、经济与环境政策。

从其作为智库组织的根本性质和组织特质而言，弗里德里希·艾伯特基金会是一个联盟性的智库组织。基金会的核心性行政机构是由代表大会选举组成的，代表大会一般每两年召开一次，负责决定组织机构的更替、调整和主要任职人员的任命。艾伯特基金会的主要组织从具体职能上可以分为三个层次的部门设置，即政治建设与咨询部门、国际合作部门和社会工作部门。具体来看，政治建设与咨询部门的主要职能包括政治学术、政治对话、经济和社会政治三个层面，是从政治建设的角度推动政策决策；第二个层次是国际合作部门，包括国际发展合作、国际对话两个向度，是从政策影响的空间拓展层面推动基金会发展；第三个层次是社会工作部门，是主要职责为具体负责社会教育和大众动员的工作部门，也是基金会实现其研究影响大众化的一个重要窗口和突破点。

不论是社会主义红色色彩更为激进的左翼党智库，还是更传统的社会民主党智库，实质上二者作为传统的大左翼政党背后的智库，在影响策略上有很多共同的红色特质，具体而言可以概括为以下几个层面：

其一，在向上的沟通渠道上，像德国左翼党的罗莎·卢森堡基金会和社会民主党的弗里德里希·艾伯特基金会等传统社会主义政党基金会的红绿政策传递效果主要是通过权力对话以及相关政策对接上更多通过政党的联结方式进行的。在更为微观的角度上，尤其是对于德国的具体案例而言，社会民主党智库艾伯特基金会的环境主张由于政党定位的中左位置和其所拥有的政治机会结构，实际上具有更优质的智库影响力发挥空间和便利条件。

其二，在智库与学界的对话渠道或者沟通层面，政党基金会主要是通过开展包括科学研讨会、学术交流座谈会等方式进行的。像德国左翼党基金会通过将其定位的为社会运动和左翼知识分子与非政府组织之间提供交流和对话平台的智识机构。而社会民主党基金会则直接设置了一个政治学术部门专门作为其与学术研究开展交流的重要端口，将政策研究与学术研究有效整合进行运作。

其三，在智库向下的民众动员机制层面，教育论坛和培训教育活动等具体的举措是传统左翼政党开展与民众交流的重要沟通方式。德国左翼党基金会在政治教育问题集中着力与重点发力，这当然也与左翼党最初的政治教育功能定位不无关系。罗莎·卢森堡基金会一方面会为在从事社会发展领域研究的年轻学者提供研究生和博士生学习资助或者奖学金项目，另一方面也会为民众中社会主义政治和环境活动提供支持性的帮助。其中发挥主要作用的就是基金会的传统组织政治教育学会，政治教育学会承担和肩负着基金会提供政治培训课程和教育研讨会等具体的职能与使命。

二、生态社会主义的学术交流平台

除了传统红色政党智库绿色项目这种具备高度组织化的智库形式之外，还有很多组织模式更为自由的红绿智库机构。比如红绿生态价值认知主要表现为一种红绿的左翼生态理念，在具体的形式上则表现为一种生态社会主义理论形态。在当下，生态社会主义无疑就构成了当代活跃的红绿思潮中最重要和展现最为直接的部分。但是在另一方面，由于红绿话语在国际生态理论和环境政策中的相对边缘化的现实地位，这种类型的红绿智库大多是以生态社会主义学派或者研究会等形式而存在的。在欧洲和北美地区，由于背后不同的地域文化和经济社会状况，生态社会主义学术流派的组织形式也有细微的差别。欧洲地区不仅是环境新社会运动最早发端的地区，同时也是生态社会主义理念最早孕育的地域，可以说具备了深厚丰富的生态理论资源与思想土壤，从人力资源和社会资源角度来看，也整合了最广泛的研究人员和最浓郁的生态社会运动氛围。而以西方马克思主义研究著称的法兰克福学派以及后来的生态社会主义者国际网络就是这种欧洲特色红绿话语阵地的典型代表。法兰克福学派是指在法兰克福哥特大学（Goethe University Frankfurt）社会学系中长期从事马克思主义研究与社会批判方法的一个学术共同体——社会研究所，在其中的学者集中对马克思主义的理论和方法论著书立说，逐渐被学界所知并被称为法兰克福学派。与欧洲地区的学术平台相应，北美地区也存在着这种带有显著红绿色彩的学术组织性智库。总体而言，北美地区红绿智库的最大特质就是其所蕴含的浓厚马克思主义学理韵味，倾向于从马克思主义经典著作里挖掘与吸收解决现代社会生态问题的养分成为北美马克思主义学派的方法论特质。“21 世纪生态社会主义大会”（21st Century Ecosocialism Conference）就是这种智库组织北美风格的具体表现形式。

首先，对于法兰克福学派而言，从严格的意义上，它并不是一个完全意义上专门研究红绿思想的学术机构。但是毋庸置疑的是，其孕育了生态社会主义的理念，也是生态社会主义理论最初发祥的摇篮。就法兰克福学派的发展历史而言，具有比较悠久的理论积淀，始于 1923 年青年马克思主义者费利克斯·威尔（Felix Weil）创立的社会研究所（The Institut für Sozialforschung）。由于威尔自身是一个相对传统的马克思主义者，因而在最开始，法兰克福学派的研究定位是集中于服务工人运动的社会学和历史学研究。包括乔治·卢卡奇（Georg Lukacs），卡尔·柯尔施（Karl Korsch），卡尔·奥古斯特·维特弗格（Karl August Wittfogel），弗里德里希·保罗克（Friedrich Pollock）等在内的著名的马克思主义学者从一开始就加入了这个学术团体。[①] 尤其是1923年在卢卡奇的《历史与阶级意识》一书的首次出版之后，其关于资本主义制度“物化”的理念在社会产生了巨大反响，也在一定程度上奠定了法兰克福学派日后学术研究的社会批判基调与学术影响力及组织地位。社会批判方法在法兰克福学派得到了最大化的发展运用。经过马克斯·霍克海默（Max Horkheimer）和西奥多·阿多诺（Theodor Wiesengrund Adorno）的工业社会批判的发展，到赫伯特·马尔库塞（Herbert Marcuse）1972年出版的《单向度的人》对资本主义工具理性的生态危害性开创了生态社会主义研究的先河。追随马尔库塞的加拿大学者威廉·莱斯（William Leiss）以及美国学者詹姆斯·奥康纳（James O'Connor）和约翰·贝拉米·福斯特（John Bellamy Foster）后来将法兰克福学派发展起来的资本主义工具理性批判等思想传承下去，在空间上将学术领地转战到北美地区，并且以马克思主义唯物主义为理论武器，批判资本主义的反生态性，开创了生态马克思主义的研究流派，进一步拓宽了法兰克福学派的研究空间。

另一方面，在生态社会主义理论语境下成立的生态社会主义者国际网络（Ecosocialist International Network，简称EIN）最初是从松散的会议形式逐渐发展演变而来的。2007年10月7日于法国巴黎附近召开了第一届会议，来自包括欧美等发达国家在内的六十多名学者参加了这次会议，并且选举了一个常设的组织即指导委员会，委员包括乔尔·克沃尔（Joel Kovel）、迈克尔·洛维（Michael Löwy）、德里克·沃尔（Derek Wall）、伊恩·安格斯（Ian Angus）以及艾瑞尔·萨勒（Ariel Salleh）等知名生态社会主义学者[②]。同时，在这次会议上发布了由伊恩·安格斯（Ian Angus）、乔尔·科沃尔（Joel Kovel），迈克尔·洛维（Michael Löwy）和丹妮尔·福莱特（Danielle Follett）共同起草的《生态社会主义宣言》（Ecosocialist Declaration）。在此之后，生态社会主义者国际网络又于2009年1月在巴西北部的一个小城贝伦召开了第二次会议，这次会议通过了《贝伦生态社会主义宣言》（Belem Ecosocialist Declaration）[③]。

---

① The Frankfurt School and “Critical Theory”, https://www.marxists.org/subject/frankfurt-school/.

② 张剑：《生态社会主义的新发展及其启示》，载《马克思主义研究》，2015年第4期。

③ Ecosocialist Network, http://www.ecosocialistnetwork.org/.

通过两个《宣言》的公开发布，生态社会主义者国际网络对生态社会主义的产生与发展历程进行了回顾性的梳理，并对生态社会主义的基本主张进行了阐明。而这两个宣言实质上也成为对现实生态社会主义运动具有指导性意义的纲领性文件。不仅如此，通过不同的宣言性文件的发布，无论是作为智库组织本身的生态社会主义者国际网络，还是生态社会主义思想，都收获了一定的影响力。然而，在另一方面，国际网络作为智库在组织上仍然是以一种学者联盟性组织形式而存在的，并不具备严格意义上的智库组织形态。不过令人感到遗憾的是，自第二次会议之后，生态社会主义者国际网络并没有进一步开展新的论坛交流形式或活动。

在美国本土成长起来的21世纪生态社会主义大会又是这种学术交流阵地形式红绿智库的不同风格，也在一定意义上是生态社会主义者国际联盟未尽使命的另一种延续。一方面，与生态社会主义者国际网络相似，其首先是作为一种学术会议层面的学术交流平台，为国际生态社会主义者的交流营造与架构了一个独立的时空。在2015年8月首次在美国加利福尼亚州立大学圣巴巴拉分校召开的21世纪生态社会主义大会参与者多数是来自美国本土的社会科学界的研究学者或科学家。另一方面，21世纪生态社会主义大会又是旨在寻求政策改变的学术交流大会。因而在一定意义上，作为学术平台的21世纪生态社会主义大会的举办是受到北美生态马克思主义思潮发展影响的结果。与一切绿色智库的成立原因一样，21世纪生态社会主义大会的初衷同样是源于帮助人类逃出生态危机牢笼的目的，但是在具体的实现手段上，21世纪生态社会主义大会的宗旨却不是简单的寻求替代性的具体解决方案，而是要根本改变社会制度。正像大会的口号一样，“体制变化（System Change）而不是气候变化（Climate Change）”。这次大会讨论的主要议题基本围绕着四个主题或者方向：一是能源、资本主义和环境的危机；二是生态学与马克思主义；三是评价巴黎气候大会所取得成果的有效性；四是生态社会主义者的思想如何影响环境正义问题。由于21世纪生态社会主义大会本质上也是一个以松散的主题会议为主要形式的智库机构，因而在运行机制倾向于也更多表现出一般的学术会议的组织与运行模式特点，而没有非常明确的组织规制和组织成员的固定角色设定。所以从绿色智库的基本构成和定位的标准来看，诸如该会议类型的学术交流平台型红绿智库在当前更多的是采取了松散的组织形式，尚未生成作为绿色智库的影响力模式，也没有形成相对稳定的社会影响生态。

第二节　红绿智库的生态价值理念

如前所述，红绿智库的生态价值取向一方面来源于生态主义的思想资源，一方面来自于马克思主义政治经济学批判方法，是两种不同的思想源流汇合而成的思想结晶。如果说浅绿和深绿只是在生态立场坚定程度上的差异，那么红绿的生态价值观则更多的带有一种红色的社会主义关照色彩，注入其中的是一种与之前全然不同的社会主义意识形态，也就是红色的社会主义价值与绿色的生态主义价值之间的思想碰撞和融合，是红绿生态价值取向的重要特色。红绿智库所根植的生态价值观因而在很大程度上是来自于生态马克思主义与生态社会主义的红绿理论与价值观念。

一、自然观：人与自然的和谐

由于马克思主义的唯物史观事实上将生产力与生产关系的矛盾作为社会的基本矛盾，将其提升为作为推动人类社会历史基本动力的高度。因而在西方学术界，由于一种坚持马克思主义的自然观是人类中心主义的观点长期以来晕染和扩散，逐渐生成和上升为一种社会主流的认知逻辑与观察视角。而与此相应的是，象征着“红绿合流”的生态马克思主义却如同捍卫真理、守卫正义的卫道士一样，高擎起了马克思主义的红色旗帜，通过在丰富的马克思主义经典著作中梳理、挖掘和研读马克思主义关于生态自然观的重要话语与思想资源，对存在于思想界的种种误解进行了严肃细致的辩驳。具体来看这种红绿印记的自然观表现在以下方面：

关于这个在自然观上长期以来争论不休的本原性问题，早期的社会主义环境学者仍然延续了思想界一种把马克思主义作为人类中心主义生产主义的固化观点和论调。他们接受了社会主义这种未来社会的理想模型，但是对马克思主义将生产力与生产关系作为社会的基本矛盾的唯物史观持有质疑的态度。比如英国学者泰德·本顿，他对马克思主义的自然观进行了批判，称为是一种“普罗米修斯式的‘唯生产力论’史观”。[①] 英国著名的生态社会主义学者戴维·佩珀（David Pepper）则更加直接地把马克思主义界定为“一种能够容纳生态主义的人类中心主义”。他是在如下意义上做出以上论断的：马克思主义是人类可以借助并应用于自然界以掌握实现的生产力的增长保证人类的根本利益，又可以帮助人类消除在现代工业社会下对自然造成的伤害。因而，马克思主义是一种“建立在社会与自然的辩证法基础上的长期的集体的人类中心主义”，是“反对资本主义的技术的个人的人类中心主义”。[②] 然而另一部分生态社会主义学者认为，马克思主义的生态观事实上超越了人类中心主义的范畴和涉指领域，马克思主义的生态观思想不仅早已跳出了人类中心主义的理论窠臼，而且更重要的是，其从本质上批判了人类中心主义的理念，认为自然界作为人们的对象应该得到作为认识世界与改造世界实践主体的人的充分重视。在他们看来，在马克思主义自然观的视野下，人作为认识和改造客观世界的主体，不过仅仅是具有了“主体”的地位而已，并不是意味着人类成为能够全面主宰和操纵控制自然界的“主人”，这二者之间存在着巨大的鸿沟和差距。比如日本的学者岩佐茂更是直截了当地指出马克思主义自然观与人类中心主义的对立。他指出这种人类中心主义的价值观或者伦理体系的特点是“将自然破坏的原因归结为以人类为目的而将自然手段化了的人类中心主义，主张生态系有其内在价值或者固有价值，而人类没有践踏这种价值的权利”[③]。之所以持有这样的认知是由于在生态社会主义者的理念中，人类只有在其自觉能动地开展具有创造性的、能动性的实践活动及历史进程中才能实现人类的主体地位与主体性功能的充分彰显。或者更直接地从还原马克思主义的本意的视角理解，人类是在作为主体的对象化活动中，在改造客观世界的创造性活动中确证

---

① ［美］詹姆斯·奥康纳：《自然的理由——生态马克思主义研究》，唐正东、臧佩洪译，南京大学出版社 2003 年版，第 23 页。

② David Pepper，“Anthropocentrism，Humanism and Ecosocialism：A Blueprint for the Survival of Ecological Politics”，*Environmental Politics* 2/3（1993），p. 439. 转引自郇庆治：《当代西方绿色左翼政治理论》，北京大学出版社 2011 年版，第 73 页。

③ ［日］岩佐茂：《环境的思想与伦理》，冯雷等译，中央编译出版社 2011 年版，第 149 页。

自己本质力量与主体地位的。因而，人类的主体性意义只是在人类与客观世界发生创造性的改造关系时才能够明确地凸显出来。自然界作为客观世界的一部分，只是改造活动中与人类相对性地存在的客体，实质上却是与人类一样具有平等地位的存在。国内一些学者将这种立场定义为“弱人类中心主义”①。

在另一方面，红绿的生态价值取向依赖和坚持马克思主义关于人的主体地位的理念，显然也是为了依赖人的主体性地位对自然的保护与人与自然关系的改善性作用。或许在这个意义上，美国著名学者、后现代主义的思想大师大卫·雷·格里芬的描述能更全面地阐释红绿生态价值取向看待和对待自然的态度，他对此问题是如此阐述的：“人类无一例外都是生态系统的一部分，万事万物都既是主体，又是客体，人类也不例外。”② 人类与自然共同作为世界的重要组成部分，一方面也是具有同等的地位，同样也是对象性活动中的主体与客体。生态社会主义的经典著作《资本主义、自然、社会主义》杂志意大利版本主编乔万纳·里科韦里（Giovanna Ricoveri）指出，“人也是自然的一部分，所以，对自然的剥夺也是一部分人对另外一部分人的剥夺；环境恶化也是人类关系的恶化。”③ 而马克思在《1844 年经济学哲学手稿》一文谈论共产主义的基本特征的时候，曾经深刻地诠释了“自然主义”与“人道主义”的关系，他说，“这种共产主义，作为完成了的自然主义，等于人道主义，而作为完成了的人道主义，等于自然主义，它是任何自然之间、人与人之间的矛盾的真正解决。”④ 马克思的自然主义包括人是自然的一部分，是自然存在的命题，人道主义则包括人通过有目的有意识的劳动改造自然。而人类的劳动实践就是沟通了自然主义与人道主义，是“人与自然矛盾”的真正解决。只有真正的共产主义，是自然主义与人道主义的有机统一，人与自然之间矛盾化解，生态困局完美破解的理想社会形态。

马克思指出，“环境的改变和人的活动或自我改变的一致，只能被看作是

① 参见郇庆治：《当代西方绿色左翼政治理论》，北京大学出版社 2011 年版，第 6 页。

② ［美］大卫·雷·格里芬：《后现代科学——科学魅力的再现》，马季方译，中央编译出版社 1998 年版，第 152—153 页。

③ Giovanna Ricoveri, “Culture of the Left and Green Culture”, *Capitalism*, *Nature*, *Socialism*, Volume 4, Issue 3, September 1993, pp. 116 - 117.

④ 《马克思恩格斯全集》第 42 卷，人民出版社 1979 年版，第 120 页。

并合理地理解为革命的实践。”[1]因而，既不能简单地断言环境决定人，也不能机械地断言人决定环境，事实上环境的改变和人的改变是由实践决定的。在这个意义上而言，红绿智库的生态价值就延续了马克思主义生态观的基本方向，其所坚持的是一种折中调和的论调，当然也是避免了生态中心主义与人类中心主义论争的一种自然观范式。

尽管在自然观的本体论意义上存在着多重争议，但是红绿生态价值取向在自然观问题上有着共同的聚焦点，正如凯特·索普在《绿化普鲁米修斯：马克思主义和生态》一文中指出的那样，马克思实际上坚持的是“任何自然的辩证法并认识到自然所受限制”[2]的自然观。自然应该遵循自然界的规律，而不应该置于资本主义制度下的工具主义理性的控制之下。法兰克福学派的代表人物霍克海默曾经将人类历史的三个特征归结为对自然的控制、对人的控制和社会冲突，而其中人类对自然的控制欲望源于人类的主观理性。在资本主义社会中，这种对自然的控制或统治已经发展到了极致。正如加拿大的著名生态社会主义学者威廉·莱斯（William Leiss）所言，“自然的统治及其代理者已经成为现代社会强有力的意识形态的标记，这一过程不仅影响对它们的理解，而且会歪曲自然解放的意义。”[3]红绿生态价值的共识在于，必须破除资本主义社会制度及其意识形态，因为这种理念下对自然的解放的理解本身就是谬误性的，实际上是对自然的异化，与实现真正的解放自然相去甚远。

二、生产观：解构与废除资本逻辑

生产力和生产关系之间的矛盾作为社会基本矛盾的论断是马克思主义唯物史观中最重要的和基本的论断。从一定意义上说，红绿生态价值取向在生产问题上的观点一定程度上是忠实地承继了马克思主义唯物史观对资本主义社会的观察视角与批判方法。从这个意义上可以确定的是，红绿取向的生态价值观在对资本主义生产的思考与批判中集中地展现了这种最显著思想特质与理论特

---

① 《马克思恩格斯选集》第1卷，人民出版社1995年版，第17页。

② ［英］特德·本顿：《生态马克思主义》，曹荣湘、李继龙译，社会科学文献出版社2013年版，第87页。

③ ［加拿大］威廉·莱斯：《自然的控制》，岳长龄译，重庆出版社2007年版，第147页。

色。红绿生态价值观一般坚持：资本主义制度在根本上是为生产而生产的，生产的直接目的是获得交换价值，而不是其使用价值的生产。而对剩余价值的最大化榨取本质上不仅会导致对劳动力的过度压榨，也给自然资源和全球的迅速枯竭污染，投入很大的风险生态系统。从这个角度来看，资本主义制度在历史上往往会破坏整个自然和生态系统。

首先，在社会生产推动人类社会历史性发展和调整与优化人与自然之间互动模式的作用问题上，红绿的生态价值观实际上并不是完全拒斥社会生产的天然“绝缘体”。也就是说，在红绿的生态价值理念系统中，生产与生态环境之间并不完全是相互排斥的对立关系。这是由于红绿的生态价值取向，在一定程度上坚持了马克思主义对生产方式在人类社会历史发展中重要地位的肯定。社会物质生产方式对整个人类的发展和人类文明——包括物质文明、精神文明和生态文明的推进都具有重要的意义。在马克思那里，如果生产者是在自由的共同结合的社会中发展生产，经济的发展无论以何种速度都不会损害决定着后代幸福的自然条件和土地条件。这种思想实际上潜在地塑造了一种生态社会主义对社会生产方式的认知模式。在红绿的生态价值理念中，在一定条件下存在一种能够完美处理与生态环境之间关系的社会发展形式。根据福斯特所言，这些前提性条件包括“纠正畸形的发展道路，以人为本，强调满足基本需求和确保长期安全的重要性”①。而包括布鲁诺·科恩和萨拉·萨卡等在内的生态社会主义学者认为，经济发展的可持续性必须依赖由完全意义上的社会主义制度下有序安排的生产计划来调整，“社会必须自觉地达成一种共识：生产多少和怎样生产、能源和资源的需求以及如何分配”②。在这个意义上，我们可以暂且搁置关于何种具体的生产条件的争论问题，事实上，能够代表红绿生态价值取向的生态社会主义理论对其的基本认知是，在社会主义的制度框架内，通过彻底消解资本主义生产的盲目性和逐利性，也减弱了人类生存发展对自然环境的危害程度，并且通过有计划地满足人们基本需求的必要性生产，化解了人与自然之间的紧张状态与对立关系。

---

① ［美］约翰·贝拉米·福斯特：《生态危机与资本主义》，耿建兴、宋兴无译，上海译文出版社第122页。

② 郇庆治：《当代西方绿色左翼政治理论》，北京大学出版社2011年版，第112页。

因此，进一步而言，真正改变社会生产与自然环境之间关系的是真正支配社会生产与社会生产动机的社会制度模式。就生产方式所处的具体社会制度而言，红绿的生态价值在本质上排斥和反对资本主义无止境地追求利润的生产动机和生产方式，认为资本主义的生产方式摧毁和瓦解了社会生产本身的积极意义，其提高生产的结果不是减少社会压抑从而解放人类，正相反的是，资本主义生产加剧了与人们的对抗，成为了一种更为普遍性的控制工具而与人们对立。这种思想不仅仅是直接来源于与资本主义工业化历史相伴生的生态环境现实表象，更为深层的思想根源实质上依然是生态马克思主义学派常常引用的马克思在《资本论》中关于资本主义生产破坏人与自然物质变换的论述中所阐发的批判思想。马克思是这样讨论的：

> 资本主义生产使它汇集在各大中心的城市人口越来越占优势，这样一来，它一方面聚集着社会的历史动力，另一方面又破坏着人和土地之间的物质变换，也就是使人以衣食形式消费掉的土地的组成部分不能回归土地，从而破坏土地持久肥力的永恒的自然条件……①

因而，通过马克思的深刻剖析可以发现，必须将资本主义首先简化和还原为一种生产方式去观察。如果用福斯特的话语描述则是，资本主义的生产方式实质上追求的是能够直接转化为货币利益的精神。在资本主义框架体制内，自然界被人为地打上了价格标签，自然资源化身为自然资本，被异化成为实现资本主义生产与资本增殖的基本元素，为创造资产阶级的利润而服务。在这种极为贪婪的生产模式之下，人与自然之间的关系日渐紧张，当这种紧张状态发展到一定阶段之后，二者之间的关系实际上被转换成为一种破坏与妨碍人与自然之间正常的物质变换过程的异己力量反作用于人类自身。而只有在社会主义制度以及未来的共产主义社会中，这种人与自然之间物质变换的断裂才能消融与弥合。正如马克思所言：

---

① 《马克思恩格斯文集》第5卷，人民出版社2009年版，第579页。

> 社会化的人，联合起来的生产者，将合理地调节他们和自然之间的物质变换，把它置于他们的共同控制之下，而不让它作为盲目的力量来统治自己；靠消耗最小的力量，在最无愧于和最适合于他们的人类本性的条件下来进行这种物质变换。[1]

较早利用马克思主义作为生态政治话语批判资本主义制度体制的实际上是 H. M. 恩岑斯伯格（H. M. Enzensberger），他意识到资本主义生产方式对生态的极大破坏力，并且明确提到资本主义生产力随着在其生产关系下日益的发展，其生产方式的破坏性也将与日俱增。[2] 而赫伯特·马尔库塞对资本主义工业生产的负面效应曾更为详尽地描述过，他认为，“发达工业社会引人注目的可能性是：大规模地发展生产力，扩大对自然的征服，不断满足数目不断增多的人民的需求，创造新的需求和才能。”[3] 在其看来，物质生产在资本主义制度下组织得看似公正、合理，但是远远无法满足人类最基本的自由诉求。在生态社会主义的思想理念内，生态保护和反资本主义批判之间是一种互补的统一整体的关系。“生态运动就其旨在超越式统治而言，核心是反资本主义的，而资本主义的批判就其旨在拒绝经济增长和资本积累的律令而言，本质上是生态主义的。”[4] 资本主义的生产目的与根本运行规则在本质上是一种经济理性逻辑。这种内在的运行逻辑所崇尚与追求的不是人与自然的和谐，而是尽可能地利用将自然、掠夺资源，实现自然资本化从而创造出更多的利润。萨拉·萨卡与布鲁诺·科恩在二人合作的《生态社会主义还是野蛮堕落？—— 一种对资本主义的新批评》中明确提到“生态资本主义就是一个矛盾的名词”[5]。生态的可持续性与资本主义的增长动力是相互排斥的两极，不可能同时并存。因

---

① 《马克思恩格斯文集》第 7 卷，人民出版社 2009 年版，第 928—929 页。

② 参见［英］特德·本顿：《生态马克思主义》，曹荣湘、李继龙译，社会科学文献出版社 2013 年版，第 5 页。

③ ［美］赫伯特·马尔库塞、［美］埃里希·弗洛姆：《痛苦中的安乐：马尔库塞、弗洛姆论消费主义》，云南人民出版社 1998 年版，第 18 页。

④ ［美］维多克·沃里斯：《超越“绿色资本主义”》，巩茹敏译，《北京大学马克思主义研究》，2012 年版，第 176 页。

⑤ 郇庆治：《当代西方绿色左翼政治理论》，北京大学出版社 2011 年版，第 92 页。

而，红绿智库也更多的坚持拒斥资本主义“无限增长”的生产观，反对资本主义的无序和盲目的生产模式。

由此不难发现，红绿智库对于资本主义体制下的生产方式及其后果，是最为坚决反对和批判的。这是因为，依据红绿的生态价值取向的内在思维逻辑，“红色”的马克思主义对生产方式在人类认识和改造世界的历史活动中的重要作用的发现与强调是历史唯物主义的重要成就与理论价值。因而，对于那种认为资本主义与生态可以和谐统一的生态资本主义思想，红绿智库在生态价值取向上是非常排斥的。在红绿的生态价值观的视域内，资本主义最大的缺陷就在于其贪婪的利润增长动力机制下无计划的盲目生产模式。这实质上也是导致资本主义同发展可持续性之间的尖锐矛盾难以克服调和的根本原因所在。

三、技术观：反对工具主义的技术异化

在很大程度上说，红绿生态价值取向的“技术观”是马克思主义关于技术作为社会发展作用的思想资源与生态主义对现代技术批判视角的一种理念上的整合融汇与集中体现。马克思主义对于科学技术给予了比较高的评价，认为“科学技术是具有推动作用的革命力量”①。从整体上看，红绿生态价值观在对待技术的具体问题上所持的基本认知仍然是建立在一定的社会制度框架或宏观的背景之下的。在很大程度上，社会制度影响对人的技术性利用的关系，也会进一步影响人们自身在这一过程中的再生产。这就意味着红绿生态价值观在对待技术问题时，内在的存在两种互为张力又紧密关联的双重涵指与趋向：一方面，肯定技术自身能够赋予人们一种外在力量，一定程度上使对人本身与自然的开发变得更加便捷和成功，也就是说，在红绿生态价值观视域下，技术自身的命运和前景并不是悲观主义的；而另一方面，当社会科学实践发展到一定程度之后，尤其是与外在不合理社会制度的结合之后，便会形成一种异己的力量，并且为这一社会制度与社会实践本身破坏性和压制性的特性进行辩解和开脱，成为一种异己的力量操纵与控制整个人类与自然。

其一，通过对红绿智库的红色思想源流的回溯观察，我们可以更加确定的

① 《马克思恩格斯全集》第19卷，人民出版社1969年版，第375页。

是，马克思主义事实上对技术保持着缜密的思考与关注，这也是红绿生态价值观的重要思想来源。这不仅仅是由于从马克思主义唯物史观的视域出发，本质上技术不仅是生产力发展到一定阶段的产物与生产力水平的标志，同时也因为技术构成了推动社会继续向前发展动力机制的重要元素与主体力量。从马克思主义的视域出发来看，技术自身既是客观现实的存在，另一方面也是实现人与生态和谐的重要工具性因素。在生态社会主义的思想资源与认知里，科学与技术自身都是相对而言较为中立的，不带有意识形态色彩的工具与中介。德国的生态社会主义学者萨拉·萨卡曾经明确论述道，“科学首先是一种认知方式，其次也意味着运动科学方法积累起来的知识，而且这些实质上是可以信赖的。技术是做事情的方法，例如生产商品和服务、修理东西、处理垃圾等等。”①而瑞尼尔·格伦德曼（Reiner Grundmann）则更加直白地表达了对技术中立性的看法，他指出，“技术本身不能被认为是生态问题的原因：有些技术是中性的，一些是有益的，有些则是不利的自然环境和人类福祉。这只是根源于其具体地处理与自然的关系的生态方法。”② 由此可知，在“红绿”生态价值取向视野下，技术在意识形态上是客观中立的，在符合自然和历史规律的条件下，充分利用科技不仅不会玷污自然和生态的本来面目，反而在合理的使用下能够更加鲜明地开启和凸显自然环境的自身特质。

但是在另一方面，红绿的生态社会主义理论视野下，科学技术的转化过程又与当时的社会生产方式这一宏大历史背景有着不可忽视的密切关系。因而，红绿生态价值取向的生态理念对技术在资本主义制度框架下非理性甚至盲目泛滥地应用保持着非常抵触的，甚至可以说是激进批判的态度。或者更直接地说，在红绿生态价值下，技术是作为资本主义社会所借助的，对人类全面管理与操纵的外在性和异己性的工具而认知的。作为生态社会主义的开创先锋，法兰克福学派的中坚学者，赫伯特·马尔库塞在《单向度的人》一文中对资本主义技术理性的深刻批判成为生态社会主义思潮中对技术不合理应用的非生态性观点的经典来源而时常被援引。马尔库塞认为，科学合理性实际上内在包裹

---

① ［德］萨拉·萨卡：《生态社会主义还是生态资本主义》，张淑兰译，山东大学出版社2008年版，第313页。

② Reiner Grundmann, *Marxism and Ecology*, Oxford: Oxford University Press, p. 108.

和隐藏着的是其“工具主义特征”。因而在他看来，科学从本质上是一种“先验的技术学和专门技术学的先验方法，是作为社会控制和统治形式的技术学”[①]。“在社会现实中，不管发生什么变化，人对人的统治都是联结前技术理性和技术理性的历史连续性。”[②] 在这个角度上，马尔库塞持有的认知是，现代科学技术虽然具备纯粹性，但是由于不存在纯粹性的统治，所以实际上科学技术本身的纯粹性并没有任何意义。恰恰相反，由于不纯粹的统治过程，使技术愈来愈熟练地运用于控制自然甚至是控制人类自身，资本主义的工具理性获得了进一步的扩张和加强。而另一位生态社会主义流派的奠基者与捍卫者安德烈·高兹，则是从一种更为敏感的视角进一步对技术手段泛滥的未来表示了明确的担忧。他是从人类与技术存在空间相对变化的关系维度看待和讨论这个问题的，认为技术的工具化扩张有可能使人们在从事社会生产等创造性活动中的主体地位被进一步消解和稀释。具体而言，这是因为，技术化的活动虽然一方面保证了人类行为越来越具有一种精确性的特征，同时“却也把思想从主体性领域中排除了出去，并且也排除了审视和批判”[③]。

在红绿取向的生态价值观下，技术化的社会活动使人类社会逐渐进入，或者可以说，是被裹挟似地卷入到一种可以量化的生活方式与生活状态之中。因而，在红绿生态价值取向视野下，这种生活方式与状态不是人类自主自觉选择的，而是资本主义生产方式所赖以延续的基础，因而事实上是直接地助长了资本主义的利益驱动力。不过在另一方面，技术化的生活遮蔽了人们对自己所处的社会生产与生活方式独立和天然的反应能力与批判能力，加剧和扩散了资本主义的生态破坏性衍生的复杂性损害。詹姆斯·奥康纳在《自然的理由》一书中曾将资本主义技术的本质归结为是一种压迫、剥削和破坏性的邪恶力量，也就意味着其更多的是将资本主义框架下的技术认知为一种“助纣为虐”式的非正义力量或者能力。

因此，可以看出的是，在看待和评价科学技术与生态环境之间的关系的问题上，科学技术使用的根本价值立场与终极目的成为红绿价值取向所关注的关

① ［美］赫伯特·马尔库塞：《单向度的人》，刘继译，上海译文出版社 2008 年版，第 126 页。
② ［美］赫伯特·马尔库塞：《单向度的人》，刘继译，上海译文出版社 2008 年版，第 115 页。
③ 张一兵等：《资本主义理解史》（第六卷），江苏人民出版社 2008 年版，第 92 页。

键因素。从生态的未来前景出发，他们更希望在生产力发展的先在性条件之下，环境或者生态技术能够弥补人们社会生产和生活方式对环境带来的损害。换言之，红绿的这种生态价值与理论取向希冀通过技术的变革和更新，能够为环境现状做出部分的或者总体性的改善。而另一方面，技术合理化的理性主义在现实性上不是减弱和取消了资本主义统治制度的合法性，与之相反，意识形态性通过潜在地渗入到不断进步的技术中，大大增强了统治制度的控制力度和合法化程度。因此，中性的技术如果被工具化，也就是转化成为人类解放的桎梏，从而会导致人的异化与工具化。

四、消费观：满足人类基本的真实需求

在社会消费与生态的关系问题上，与其对待技术的认知态度基本相似，红绿的生态价值取向依然从两个互为张力而又紧密关联的方面思考和讨论二者之间的关系问题。

"红绿"的生态价值观在消费问题上的理解，实际上也是最早来自于马克思主义，尤其是马克思主义政治经济学中关于消费的论述。在政治经济学的理论视野下，消费是整个社会物质生产过程的一个非常重要的环节，也是商品生产价值实现所依赖和必须经历的最终步骤。但是在资本主义体制下，资本主义的消费成为一个危机性的模式，资本主义的商品生产不是以满足人们真实的消费需求为目的，而是为了满足资本无限扩张的欲望。正如詹姆斯·奥康纳指出的那样，"资本的生产能力的增长速度一般而言快于对商品的有效需求（资本的实现）的增长速度。"①

对于当下资本主义制度模式下消费主义泛滥的现实，持有红绿生态价值观的人们实际上是极为深恶痛绝的。首先，红绿取向的生态价值观认为，在资本主义消费行为疯狂渗透的表面，而更多体现的实质是资本主义意识形态的渗透。法兰克福学派早期代表人物，较早开始关注生态问题的西奥多·阿多诺在《三棱镜：文化批判和社会》中指出，在特定的意义上，发达的工业文化与其

① ［美］詹姆斯·奥康纳：《自然的理由——生态马克思主义研究》，唐正东、臧佩洪译，南京大学出版社2003年版，第292页。

前身是更为意识形态性的，因为今天的意识形态就包含在生产过程本身之中。[①] 这其实就意味着，从阿多诺的视角看，消费模式集中体现了植根在社会生产方式基础之上的社会制度和社会意识形态的特点。

其实，在马克思那里，从宏大的社会经济和历史发展的视域出发，社会消费需求确实构成了背后推动社会生产的真正动力，在一定程度上是整个社会有序发展、人类历史有序推进的重要前提。这种观念从根本上来自于马克思主义消费观。马克思指出，“消费在观念上的对象，把它作为内心的图像、作为需要、作为动力和目的提出来。”[②] 在马克思看来，需要是生产的前提，没有需要就没有生产，因而消费的主要功能就在于生产出新的需要。而从微观具体的个人生活视角而言，消费的真正意义在于实现人的全面发展。个体需求的满足能够成为人类自身肉体和精神双重追求的满足与实现的前提条件。然而，对于资本主义制度下所依赖和倡导的过度消费，马克思也早就做出过尖锐的批评，他指出：“奢侈是自然必要性的对立面。必要的需要就是本身归结为自然体那种个人的需要。”[③] 在这里，马克思对奢侈消费，也就是过度的消费进行了界定，认为其是对自然的奴役和剥削，而合理的需要是满足个人作为自然人属性的基本生存需要。

其次，资本主义制度人为地制造了大量的虚假需求，实质上非但没有实现人们基本需求的满足，反而扩大了人们在需求满足层面的差距和不公平程度。这事实上是资本主义社会所创造的意识形态控制新形式。资本主义生产制造了更多的悖论，比如在商品拜物教的信条之下，以交换价值遮蔽了人类劳动这个价值创造的来源，比如以交换经济将商品的生产者和消费者之间强制分离，形成需求与供给的对立[④]。红绿生态价值认为，在一定意义上需求的匮乏和富足是一对相随相伴彼此排斥的矛盾体。而资本主义制度其实是从两个层面放大了人们欲求的不满。具体而言，一方面，资本主义制造的不仅仅是少部分人更多

---

① 转引自［美］赫伯特·马尔库塞：《单向度的人》，刘继译，上海译文出版社2006年版，第12页。

② 《马克思恩格斯文集》第8卷，人民出版社2009年版，第15页。

③ 《马克思恩格斯全集》第30卷，人民出版社1995年版，第525页。

④ ［英］特德·本顿：《生态马克思主义》，曹荣湘、李继龙译，社会科学文献出版社2015年版，第83页。

需求的满足，同时也形成和制造了更严重的后果，即大部分人需求满足的相对性不足。在经济理性逻辑即资本的逻辑支配之下，为了制造更多“适销对路”的商品，资本主义制度在不断发掘和制造迎合人们消费需求的新卖点上不断“创新”。正如高兹所指出的，“工业的发展解释和塑造了某些以前所没有感觉到的需要。”[①] 随着资本主义工业化的进展，逐渐显而易见的是，贫困与富裕的人群阶层在新创造的需求满足程度上却表现出分化严重的趋势，富裕阶层更容易实现新创造需求的满足，而贫苦阶层只能滞后性的获得满足甚至不能得到满足。如此一来，不同阶级和阶层的人们之间的生活差距被进一步拉大，社会不公平感也进一步增强。在另一方面，在红绿生态价值理念中，即使那些看似满足了更多需求的相对富裕人群或者阶层，其实质上仍然是被资本主义制度摆弄的“玩偶”。马尔库塞细致地发现了资本主义需求繁荣假象背后的问题关键。他认为，在资本主义社会，对于大多数普通人群而言，“资本产生的主要的不是物质的贫困，而是物质需要的受控制的满足。”[②] 经济的增长作为人类社会发展的结果本应该成为人们的需要更充分满足的前提性条件，却因为需求满足阈值被资本主义制度有目的地提高而被抵消。资本主义所造成的现实是经济增长持续推进却一直不能满足人们的基本需求，相反却在不断地制造更多新的需求不满。

更为重要的是，在红绿的生态价值观视域内，资本逻辑下需求更迭速率在加速度地增进，资本以越来越快的速度侵占和破坏着自然资源，这种负面效应显然加重了对生态环境造成的负荷。资本主义体制如果存在，就必须继续依赖于大量商品不断的生产与不断的消费，而大量生产与大量消费最为直接的结果就是对资源造成大量的浪费。而对于生态环境的承受能力而言，其直接的后果便是大大超过环境自身的承载能力。因而在这个意义上，红绿的生态价值观认为，不是任何其他因素，而是资本主义制度自身酿造并且饮下了这杯生态破坏、环境污染的苦酒。

---

① 张一兵等：《资本主义理解史（第六卷）——西方马克思主义的资本主义批判理论》，江苏人民出版社 2009 年版，第 63 页。

② ［美］赫伯特・马尔库塞、［美］埃里希・弗洛姆：《痛苦中的安乐：马尔库塞、弗洛姆论消费主义》，云南人民出版社 1998 年版，第 122 页。

第三节 红绿智库的政策主张

红绿智库的生态价值观上的双重特性也在其基本的政策主张上有所显现。其一方面也是以较为激进的环境政策主张为现实诉求，与其他激进的生态主义价值取向相互呼应和互为支持。而在另一方面，又是从马克思主义思想资源或者社会主义运动的实践中，对社会根本制度变革的终极追求中获得一种面向公平正义的左翼色彩政策。

一、经济政策：限制与替代资本主义制度和运行机制

从宏观的经济主张上，红绿智库的认知较为一致，认为无论是经济危机还是环境危机，虽然形式不同，都是从根本上由资本主义的经济体制所导致的。据前所述，在经济发展政策上，红绿智库并不是完全拒斥经济发展，而是主张适度发展，更加强调发展的目的与归宿不是利润的生产这种生态破坏性的模式。“这种经济体制建立在经济增长的动机之上，不是为了满足需求而是为了获利”①。因而红绿智库基本都坚持了反对经济运行的资本主义模式的态度，对当前资本主义制度范围内极力倡导的绿色经济模式保持质疑和反对的态度，认为绿色经济依然是保留了资本主义利润作为首要原则的政策，环境原则却被置于其次的地位，这不能真正避免和解决由经济制度所导致的环境问题。

首先，在经济所有制上，红绿智库主张倾向于以公有制度摒弃资本主义的私有制，实行生产资料的共同所有，以实现优化生态环境的良好局面。戴维·佩珀在《生态社会主义：从深生态学到社会正义》一书的导论中介绍过，生态社会主义理念主张并反复强调的议题之一是“生产资料的共同所有”②。这种公有制是一定的共同体成员所共同所有的，但不一定只是以国家政权所有的

① Asbjørn Wahl, Connecting Anti-Austerity and Climate Justice Polices, 2015. 12, http://www.rosalux-nyc.org/connecting-anti-austerity-and-climate-justice-policies/.

② ［英］戴维·佩珀：《生态社会主义：从深生态学到社会正义》，刘颖译，山东大学出版社2005年版，第3页。

形式。红绿智库相信，建立在全社会的生产资料的共有权基础上，环境保护的政策则能够有制度化后盾保障其得以顺利实现，也能更好地实现和保证社会的公平与正义。比如，在左翼党基金会在比利时设立布鲁塞尔办公室发布的一项报告中，主张全球实现“能源民主”（Energy Democracy）策略。这个概念的提出目的在于使社会成员获得平等的获取能源的机会，同时协调和限制全球的能源分配和使用。为了实现这个目标，要在全球范围内建立一个能源交易协会，使能源产出的过程社会化与民主化，从而改善能源分布不平衡的情况对部分国家或者地区人民在能源使用上造成的紧张影响。①

其次，在能源政策上坚持的基本主张，同时也与深绿智库主张非常相似的是，红绿智库在彻底摒弃核能的利用问题上持有认同的态度，反对任何形式的核能利用。而与之显然不同的是，红绿智库坚决拒绝碳排放交易的资本主义市场运作方式，认为以这样一种绿色资本主义的经济运行方式解决碳排放是不合理的同时也是不彻底的。所谓的碳交易，则是建立在各个国家或者地区根据经济发展水平分配一定的二氧化碳排放额指标基础之上的。在这些指标与碳排放需求存在差异的不同国家或地区之间就形成了相对的供需关系：一方面，经济发展水平高的国家二氧化碳超过了排放额度，而另一方面，经济发展水平较低的国家和地区由于工业化水平欠缺等因素的限制，或许有排放额度余量。之间的差距就为碳排放指标可以进行自由交易提供了现实土壤。也就意味着碳排放权进入了市场化交易的阶段，能够在国家和地区之间买卖。而红绿智库主张碳排放不能作为商品进行讨价还价，因为碳交易不能有效激发环境治理技术的革新，从而无法作为有效应对气候变化的手段。红绿智库是反对《京都议定书》以及后来签订的数个气候框架协议，认为这些协议远远没有达到共同抵制全球变暖的切实行动要求。所以，红绿智库所主张的是力度更大的举措，即发达国家率先根本性地减少碳排放，到2030年至少全球碳排放总量减少目前排放量的60%，而发达国家至少做到减少目前的90%。②

---

① Strategies of Energy Democracy，Rosa Luxembourg Foundation Brussels Office，http：//www.rosalux.eu/fileadmin/media/user_upload/energydemocracy-uk.pdf.

② Joel Kovel，*The Enemy of Nature—The End of Capitalism or the End of the World*，London：Zed Books，p.262.

在另一方面，碳交易事实上还将成为导致南北差距进一步拉大的潜在性因素。[①] 在红绿的价值体系中，全球变暖的本质是一种阶级斗争形式，是北方对南方国家的阶级剥削和压迫，而发达国家减排的协议实际上只是既得利益者姿态的“拖延和迂回战术”。碳排放市场是一个能够迅速致富的策略，是北方企业玩弄南方人民的伎俩。最近一个生态社会主义学者联盟组织“公民社会中心”(Centre for Civil Society) 在《气候与资本主义》(*Climate and Capitalism*) 杂志共同撰文声讨2015 年的巴黎气候大会。这说明红绿智库认为发达国家虽然在减排目标上取得一致，但实质上对欠发达国家的生态权益造成了压迫和侵犯。正如这些学者在报告中提到的，“虽然对气候变化谈判事业而言意味着巨大的进步，但是在实质上对非洲等欠发达地区的人民而言却意味着是一次生态恐怖袭击”[②]。

再次，红绿智库拒绝在金融危机情形下实行的短视的紧缩性财政政策。目前资本主义世界由于遭受了 2008 年的金融危机，经济社会发展受到波动和震荡，正在缓慢的复苏过程中。因而，西方社会目前在财政上大多采取的是一种紧缩性的财政政策。红绿智库并不支持这种政策，其认为财政紧缩政策的不合理性在于其实质上是一种阶级压迫政策。财政紧缩的根本目的却是为进一步积聚资本主义投资服务，因为其直接后果将致使西方国家逐渐建立起来的福利国家体制的彻底崩溃，将使社会收入再分配的调整不再向有利于大众利益的方向调节，因而不利于实现社会的公平正义。

红绿智库不仅对国家宏观的经济战略持有批判的态度，更是旗帜鲜明地反对当前资本主义制度主导下的经济全球化进程。全球化的加速率推进事实上是以资本逻辑强加给整个世界的外在经济压力，长远来看会造成更多的能源消耗和资源浪费。因而，红绿智库主张尽快停止在国家不平等地位条件下经济全球化政策和战略的推行。红绿智库认为，发展中国家的环境问题不仅与本国面临的经济社会问题直接相关，也与经济全球化背景下发达国家对发展中国家的生

---

① Daniel Tanuro, Carbon Trading-an Eco-socialist Critique, http://www.internationalviewpoint.org/spip.php?article1452.

② Centre for Civil Society, Paris Climate Agreement: A Terror Attack on Africa, Climate and Capitalism, 2015.12.

态殖民主义或者生态帝国主义价值观的污染产业转移战略直接相关。[①] 因而红绿智库反对国家以经济全球化为旗号和借口，以污染企业迁出、输出垃圾、无节制的开发廉价原材料和商品等具体形式对欠发达国家进行生态侵略与生态剥削。

最后，红绿智库在经济运行的具体机制上主张实行国家主导的计划经济体制，市场调节作为补充。面对西方主流新自由主义语境下对计划经济的责难，在红绿智库致力于阐释和澄清计划经济是与民主的原则不是相违背的，反而是根本一致的。“某种类型的中央计划对于社会主义来说是必要的，也是非常重要的经济工具”[②]，这是因为计划经济能够有效的实现满足需求以及民众对经济政策的体验和参与的要求。通过国家作为主体的计划实施还可以有效地避免企业自发逐利行为对生态环境的潜在性危害。红绿智库认为，国家在经济的生产和消费等环节根据国民总体经济数据进行的分析与计划调节，将有效地对整个社会的基本运行水平进行整合。这种计划调节相对于以企业作为主体和主体的调整方式而言显然具有更为宏观的视野和更强的科学性。同时缩短生产与消费之间的时空差距，从而减少这些环节之间所造成的自然资源消耗与环境污染等潜在的风险。

二、政治政策：社会制度重建与大众民主

在根本的政治制度上，红绿智库认为当代的环境危机以及现代西方社会多样化社会问题的产生根源不是由任何具体形式的因素导致的，而是由根本的资本主义制度的缺陷和其内置的反生态基因所决定的。因而，红绿智库最根本的政治主张与经济上对资本主义经济制度的反对态度一致，所强烈要求的是以社会主义的根本政治制度替代资本主义的国家根本政治制度。

其一，在具体的微观民主政策领域，红绿智库主张要保证民众的基本民主权利。一方面要重新调整并且扩大那些能够为公众服务的公共领域，同时也主

① 陈永森、蔡华杰：《人的解放与自然的解放：生态社会主义研究》，学习出版社 2015 年版，第 221 页。

② ［美］约翰·贝拉米·福斯特：《社会主义的复兴》，庄俊举译，载《当代世界与社会主义》，2006 年第 1 期。

张赋予民众足够的话语权以及更能有效监督与对抗政府权力滥用的社会权力，为大众开展社会运动提供政治空间。为了与苏联模式高度集中的政治经济制度厘清关系，红绿智库主张通过为人民群众创造与提供更宽阔的政治话语空间，避免高度集中化的趋势。红绿智库主张，民主的实现应该是更重视民主的宗旨和本质，而不是仅仅关注民主产生的过程。民主不仅仅是程序的问题，更重要的是真正实现的问题，即所有人都有平等地享有各项权利。

其二，在国家、地区等不同层面确定计划的过程中，红绿智库主张必须建立在民主与多元商议的原则基础之上，在集中化与去集中化两种相互的趋势之间形成动态协调的平衡状态，也就是利用了民主集中制的这种实现形式。[①] 而对于代表制度的间接民主与直接民主两种不同的民主形式的选择争论，红绿智库实质上更倾向于主张采取直接民主的形式，因为直接民主能够最直接地体现民意。

不过另一方面，红绿智库并不是认为只有直接民主才能真正地代表最广泛的民意，形式上的民主也不一定能更有效地体现民主的精神与实质。在很多西方民主体制国家，公民参加国家选举的比例常常达不到50%，比如美国的总统投票率常常不到50%，甚至有时低至40%。而在法国，一些地区曾出现过高达65%的弃票率。[②] 这都说明，西方这种形式民主实际上就只是一场“虚伪”的剧目。在西方社会出现的这种政治冷漠现象实际上就意味着政府应该对民主的本质进行反思。特别是对于民主的前提条件问题，红绿智库主张拒绝资本主义框架下虚假的“民主的价值”，在资本逻辑主宰逐渐碎片化的社会生活和传统中，不可能生成真的民主。因而，红绿智库主张民主不应该受到市场机制的控制。就像乔治·拉比卡所论述的，“在所谓市场规律的借口下掩盖其无政府主义状态的并仅仅服从于利润最大化的商品化，是与那些为了活命而出卖自己的器官和自己亲生孩子的交易相适应的。”[③] 所以，红绿智库提倡的民

---

① Michael Löwy, *Ecosocialism: A Radical Alternative to Capitalist Catastrophe*, Haymarket Books, 2015, p. 27.

② 陈永森、蔡华杰：《人的解放与自然的解放：生态社会主义研究》，学习出版社2015年版，第226页。

③ 曾枝盛：《国外学者对马克思主义若干问题的最新研究》，中国人民大学出版社2006年版，第114页。

主目的不是为了满足经济利益最大化，而是为了保证人们享有真正的民主。而获得真正民主的前提是一种极为激进的主张——走向这种民主的过程中必须彻底摒弃制度障碍，也即是以社会主义制度替代资本主义制度。

第三个层面，在国际战略与外交政策上，红绿智库主张民族国家对外在国际上支持其他国家开展的国际性的反对贫富阶层之间剥削的正义性运动和斗争。“全球化思考，地方化行动。”这既是生态主义运动的口号，其实也是红绿智库宗旨在外交领域的表现。红绿智库提议在生态社会主义理念上达成共识的不同国家之间凝聚力量，从而在全球范围内形成解决生态问题的坚定合力。一些生态社会主义者倡导建立一个以红绿主张为认知基础的“第五国际”。比如詹姆斯·奥康纳指出，“第五国际是建立在生态学与资本主义经济深刻理解的基础上，第五国际的行动路线图的根本在于肯定差异的基础上，也肯定同一性。它所要求的是一种视角转换，即一种国际性的视角，从而执行国际性的战略。”①

另一方面，红绿智库主张以一种和平对话的模式，国际合作的方式进行全球交往与合作。红绿智库反对任何形式的军备竞赛，以及民族国家加入任何威胁到全球和平局面的军事联盟组织。对于国际性的武装冲突与战争问题，红绿智库更是激烈的反对。红绿智库认为，战争首先是一种违背人道主义的反社会行为，同时也将对自然生态造成不可修复的摧残。然而，按照资本逻辑在世界市场追逐利益难免产生利益冲突，以及资本主义社会制度模式下民族与宗教冲突的激化等因素都可能造成战争。而这是不破除资本主义社会制度就不可能消除和化解的问题。

三、社会政策：环境正义与社会公平

社会政策领域，是红绿智库左翼色彩得到更加鲜明的彰显和能力施展的重要领域，其所追求的公平正义的价值取向也是在这个层面得到了最大化的呈现，具体体现在：

---

① James O'Connor, *Natural Causes: Essays in Ecological Marxism*, New York: The Guiford Press, 2003, p. 304.

首先，红绿智库是收入平等的坚定倡议者，最直接的反映就是红绿智库非常关注在社会劳动与收入分配制度上保障人们劳动待遇的平等。一方面，就业议题是红绿智库最核心的社会政策议题领域。红绿智库基本认同推崇社会实行全面就业的政策保证每个人的生活，与此同时主张在福利制度上向那些就业能力较差的工人倾斜。[①] 而另一方面，红绿智库在收入平等议题的主张上表现出强烈的红绿特色。左翼党以及社会民主党是西方福利国家制度的倡导者、推崇者，同时也是实践推行中的掌舵者。红绿智库也毫不避讳地抨击资本主义制度对劳动者的经济与环境的双重剥削，主张形成一种全球化的工资标准体制，逐渐促使不同国家的劳动者收入均衡化，从而破除资本主义经济运行由于不同国家之间具体情况的不同而导致的实际收入不平等现象。红绿智库认为，不同国家的劳动者和民众由于各国经济发展状况在相同劳动强度的收入上多少存在着差别，事实上也是另一种意义上的经济剥削。而这种同工不同酬的现象从根源上是由资本主义的经济剥削体制造成的，因而红绿智库主张通过形成全球性的最低工资标准，缓解或改变这种现象。[②]

其次，与经济上的政策相适应，红绿智库主张将财政的重心与偏向转移到社会建设上。红绿智库认为，政府应该着力发挥这样一种功能，即引导权力和财富的天平向有利于劳动人民和家庭的方向倾斜。将这种收入分配的再次调节作为实现社会公平和正义的过渡策略。在事实上，红绿智库对加强社会保障的诉求相对于其他两种绿色智库而言，确实也是最为强烈的。红绿智库甚至主张实现全球性的社会保障制度。比如，德国社会民主党的弗里德里希·艾伯特基金会一直致力于主张提升全世界的保险力度，其认为“目前一半的世界人口在整个生命周期内是缺乏社会保障（包括健康、失业、意外以及养老保险等），不仅如此，世界上大概百分之八十的人们享受不到足够力度的社会保障”[③]。就目前世界各国的发展不同条件，红绿智库积极呼吁和主张政府根据

---

① ［英］安德鲁·格林编：《新自由主义时代的社会民主主义》，刘庸安、马瑞译，重庆出版社2010年版，第11页。

② Kajsa Borgnäs, Teppo Eskelinen, Johanna Perkiö, Rikard Warlenius, *The Politics of Ecosocialism: Transforming Welfare*, Routledge, p. 144.

③ 德国社会民主党弗里德里希·艾伯特基金会官方网站：http://www.fes.de/gewerkschaften/soziale-sicherung_en.php。

本国具体经济社会发展水平，为全体社会成员设置一个“社会保障最低标准”。红绿智库认为，目前在国际上通过了不少旨在保障人类基本权力的法律文件，比如社会保障权的权利被写入《世界人权宣言》和《经济、社会和文化权利国际公约》第22条，这些都是一些值得参考的做法，但又是远远不够的。红绿智库主张在国际上要遵循一种社会保障（最低标准）公约形式的约束，在全球范围内实施保障人权，这样便可以在一定程度上改善社会保障的现状。

再次，红绿智库要求保证教育公平，因为教育公平是社会公平的一个重要方面。保证公民获得教育平等也是保证公民的一项基本社会权利。红绿智库坚持，教育的宗旨应该是为每个人提供他们参与社会生产和生活的劳动技能。因而反对那些为了提升国际经济竞争力和工作适应方面的作用的教育政策，或者说教育市场为导向的教育模式。第二个层次，红绿智库认为，在教育上不仅要注重内容的科学性，建立知识科学性和种类门类齐全的教学内容体系，这当然也包括将环境教育作为全面教育体系中的一个重要组成部分。更重要的是，深绿智库强调，职业教育对于社会公平有着深远的意义，因而要求进一步保障教育权利的公平性，通过财政补贴等社会福利政策的特殊倾斜，扩大公民受教育的范围。在继续教育与职业教育方面，红绿智库根据不同情况细化了主张，对于那些长期失业的受过教育的年轻人，进行面向就业的强化培训，而对于那些欠缺教育的人，进行长期的正规的职业教育培训，以帮助他们顺利就业。

第四，在影响社会结构和更深远发展的人口政策上，红绿智库认为对人口规模适度的控制将有利于缓解人与自然之间的矛盾，因而就有利于营造环境和谐的局面。人口、资源、环境作为影响环境问题的三个主要的因素，三者之间的问题协调是一个系统的工程。红绿智库认为目前全球人口已经达到了一定规模，尤其是在部分发展中国家，人口与资源、环境之间的矛盾还相对比较紧张，通过施行一定形式的人口控制政策，可以引导人口总量的稳定，从而减少人口对于环境造成的压力。早在20世纪六七十年代的生态社会主义运动中的激进分子保罗·埃尔利希（Paul Ehrlich）等就开始讨论这种人口控制的必要性。他的论述成为红绿智库倾向于采取控制人口政策的依据：“从长远来看，我们生存环境的不断恶化将比食物—人口矛盾导致更多的死亡和不幸。……拯救我们星球的斗争，不仅仅是人口控制和清洁环境的问题，也是反对剥削、战争和种族主义的斗争。……不论你作何种努力，除非做到控制人口，否则一切都是枉然。”[①]红绿智库建议在人口问题比较严峻的国度，需要在中短期内将重点转移到阻止人口增长、控制环境恶化的政策和工作上。因为这些政策“不仅会有助于实现经济增长，也会大大改善贫苦大众和工人阶级的物质生活”[②]。不仅主张在人口总量上进行控制，也需要在人口的结构性上实现平衡和平等。红绿智库也特别关注性别平等问题。在生态社会主义的理念之中，男女两性之间的关系，也是人与自然关系的一部分，美国学者乔尔·科威尔指出，“性别暴力也是人支配和控制自然的一种表现”[③]。红绿智库在性别歧视和剥削问题上普遍持有强烈反对的态度，认为是有违社会的公平正义理念的。同时红绿智库主张，两性的平衡也是一种社会分工的合理安排，两性之间和谐的关系也是一个社会氛围和谐的重要表现，主张把女性从家庭和社会生产的剥削中解放出来。

第四节　红绿智库案例——德国罗莎·卢森堡基金会

德国左翼党的罗莎·卢森堡基金会（Rosa Luxsenburg Foundation）是一种具有代表性的红绿智库形式。客观而言，罗莎·卢森堡基金会并不是一个完全意义上的绿色智库，因为从基金会所依靠的左翼党背景上而言，作为欧洲传统的左翼政党，其最初的定位是为推进德国以及西欧的社会主义运动提供思想动员支持与政策上建议的。不过，历史时空发生了重要变迁，20 世纪的最后十几年中，欧洲的社会主义事业与社会主义运动陷入低潮时期，尤其是苏联与东欧的社会主义实践失败之后，德国左翼党自身实力相对弱小，不仅是由在野党的政党地位根本决定了其政党自身的有限影响范围，而且传统的社会主义议题

① ［德］萨拉·萨卡：《两种不同的人口危机：生态社会主义视角》，申森译，载《国外理论动态》，2014 年第 2 期。

② ［德］萨拉·萨卡：《两种不同的人口危机：生态社会主义视角》，申森译，载《国外理论动态》，2014 年第 2 期。

③ Joel Kovel，“Ecoscalism，Global Justice and Climate Change”，*Capitalism Nature Socialism*，2008：19.

并不能获得足够的重视和政治支持。左翼党基金会也因此在关注议题方面发生了一些变化：罗莎·卢森堡基金会从倡导相对激进的红色政策议题或者主张逐渐开始转换到了关注既包含传统的社会主义成分，又关涉到当代逐渐被人类关注的环境问题的生态主义解决方法成分的这种生态社会主义红绿文化取向的政策研究与倡议的路径方略上。这种议题关注和倡导重心的转换在卢森堡基金会现阶段的最重要和直接的表征就体现在其目前所积极推动"社会生态转型"（Socio-ecological Transformations）战略。因而，在这个意义上，左翼党基金会的红绿智库属性在其议题设置的环境指向和绿色关注意蕴上得到了凸显，我们可以把卢森堡基金会作为红绿倾向智库进行观察和分析。

与上一章中所介绍的深绿智库组织的代表形式德国绿党智库海因里希·伯尔基金会极为相似，罗莎·卢森堡基金会也是德国法定为数不多的政党基金会之一。根据罗莎·卢森堡基金会的官方网站中关于其组织概况的介绍可以发现，该基金会也是一家组织上相对独立的、环境政策和意识形态指向上倾向于德国左翼党（Die Linke）的政党基金会或者智库组织，总部设在德国的首都柏林。① 罗莎·卢森堡基金会主要致力于包括在德国国内进行社会科学和政治教育以及在德国境外开展国际对话与合作等活动项目，以服务于基金会推进社会和生态可持续性的根本目标与定位。该基金会是以德国共产党的创始人，也是马克思主义发展史尤其是在第二国际时期举足轻重的人物——罗莎·卢森堡（Rosa Luxemburg）女士的名字而命名的。罗莎·卢森堡（1871.3.5—1919.1.15）是波兰出生的犹太人，也是马克思主义理论家、经济学家和现实的革命的社会主义者。其在1915年，由于罗莎·卢森堡反对德国参与第一次世界大战，同所属的德国传统左翼政党社会民主党（Social Democratic Party of Germany，简称SPD）在对待"一战"的意见问题上出现了分歧，从而与李卜克内西一起共同创立了德国共产党（Communist Party of Germany，简称KPD），而在历史上共产党则正是德国左翼党的前身机构②。

尽管我们可以认为左翼党的成立拥有悠久的历史渊源，罗莎·卢森堡基金

① Rosa Luxemburg Foundation：http：//www.rosalux.de/.

② Wikipedia：Rosa Luxemburg，https：//en.wikipedia.org/wiki/Rosa_Luxemburg.

会却是在 1990 年才正式成立的。实际上，在基金会正式成立之前，罗莎·卢森堡基金会事实上就已经以一种初级的智库形式在左翼党内外开展了多种形式的政治教育与动员活动。从时间维度对该组织追溯到的最早雏形是一个在左翼党内部的学术性团体，这个团体当时的名称是“社会分析和政治教育协会”（Social Analysis and Political Education Association），这个机构经过了历史变迁，最终演变成为罗莎·卢森堡基金会目前的核心机构政治教育学会（Academy for Political Education，简称 APE），继续进行左翼党的思想教育与宣传工作。

在组织机构的内部设置情况层面，总体而言罗莎·卢森堡基金会由三个层次的机构组成：第一个层次是基金会核心的组织部门，即之前的社会分析和政治教育协会保留下来的基本组成部分与核心的行政人员；第二个层次则是基金会的主要学术支撑组织部门，包括基金会自身内部的专家咨询委员会以及外部的认同基金会价值的兼职学术专家与向基金会提供学术研究成果的专家学者。这两个部门分别从智库的行政运行组织和学术研究支撑两个维度，共同架构起左翼党智库的资政和建言两条不同的影响路向。

在内部的成员构成上，罗莎·卢森堡基金会从科研人员的配备上非常注重研究的倾向性或者意识形态性。除了一些在左翼党内活动的党内知识分子意以外，具备马克思主义或者社会主义的研究兴趣与学术背景成为罗莎·卢森堡基金会吸收为组织成员的基本条件。大多数基金会成员都是在德国高校或者研究机构任职的专家或者学者。这样就在一方面保证了基金会的组织成员在价值观认同上的一致性，从而也保证了基金会进一步相对具有激进主义意义或者倾向的政策倡议来源。

罗莎·卢森堡基金会的研究宗旨在于重新思考全球经济危机与人类的未来。罗莎·卢森堡基金会的具体研究成果都是根据这种宗旨和组织定位开展起来的。具体而言，卢森堡基金会是试图在当下德国的社会制度模式之下，反思与人类福利直接相关的各种危机以及具体危机的各个方面。这种反思是以一种相互联系的视角切入的，并主要致力于将实现生态改善和社会公正的国际社会的思想推向实际的政治议程。除了生态改善议题和社会公正议题之外，罗莎·卢森堡基金会还在欧洲一体化的替代战略，经济民主和公共利益服务，参与式和多元文化的民主，和平政策等议题领域展开研究和讨论。

罗莎·卢森堡基金会的政策研究延续与继承了罗莎·卢森堡思想中的几个重要层面：包括资本主义制度的批判和解放目标，激进的民主和正义诉求，反对任何形式的独裁统治与帝国主义侵略的理念和认知。卢森堡基金会的口号更能够将这种激进主义的民主和正义诉求体现出来，那就是："没有平等的自由就是剥削，没有自由的平等就是压迫。团结是自由和平等的共同根源"①。罗莎·卢森堡基金会对欧洲联盟政策的新自由主义倾向持尖锐的批评态度，致力于实现在欧洲和国际环境政策上一种研究范式层面的革命或者转变，即向着左翼的社会主义理念转变。而实现这种范式的变革或者转变就依赖于在智库成果的影响推广或者扩散效果。

事实上，罗莎·卢森堡基金会作为德国的政党基金会与伯尔基金会非常相似，其遵循的影响路径基本是从三个向度上推进的：

第一，通过在学术平台的学术成果汇集与推广，依靠学术影响获得政策影响。卢森堡基金会资助的研究项目需要在规定时间内完成研究成果。这些成果被卢森堡基金会发布在其官方网站以及公共社交媒体平台上，读者可以非常便利地自行取阅，快速地获取相关信息。卢森堡基金会通过设立专项学术资助基金，提供对学者和青年研究者的资助，进行与学术界的互动交流。这部分学术基金一方面用于资助一些教授研究项目，另一方面也用于资助相关学生的学习。根据官方网站介绍，到目前为止，该基金会的学术基金资助了 1500 多位相关领域的学者研究项目，并且以每年大概 100 个的额度继续增加。② 与此同时，罗莎·卢森堡基金会的学术基金中奖学金项目部分，到目前为止共计资助了大概 1000 多位学生到不同国家和地区的交流。罗莎·卢森堡基金会主要通过采取以研讨会、会议、专题讨论的形式推广基金会的倡议，并在每月举行公开讨论会，称为"罗莎沙龙"（Rosa Salon）。邀请优秀的左翼知识分子进行学术报告、对话或者研讨会。这样通过丰富欧洲和国际的左翼的话语内容，使左翼的政治话语或者政治思想获得更多实际政策转化空间。

其二，罗莎·卢森堡基金会的传统议题关注中心是聚焦如何处理欧洲与世

---

① Rosa Lusemburg Foundation：http：//www. rosalux. eu/about-us/our-work/.

② Rosa Luxemburg Foundation Annual Report 2014 ：http：//www. rosalux. de/fileadmin/rls_uploads/pdfs/stiftung/Annual_Report_2014. pdf.

界之间的关系，而这其中一个非常重要的议题是欧洲内部以及全球范围的发展问题。为了实现智库在欧洲以及国际层面研究议题的空间拓展以及政策建议的有效国际化推广，罗莎·卢森堡基金会于2008年在比利时的首都，同时也是欧洲联盟主要行政机构所在地的布鲁塞尔市成立了一个全新的办公室，即布鲁塞尔办公室（Brussels Office）。与其他地区的办公室不同的是，布鲁塞尔办公室与总部柏林办公室几乎有着平等的组织地位，而且在研究上更倾向于对欧洲层面议题的关注。尤其是布鲁塞尔办公室也承担起开展基金会环境政策议题的全球影响推广项目。比如，布鲁塞尔办公室进入2016年以来已经相继举办了以“踢出改革：生产转型的计划”与“超越增长逻辑”为主题的两次研讨会，在推广和扩展卢森堡基金会的“社会生态转型”理念。这是罗莎·卢森堡基金会影响力向整个欧洲层面扩展的基础步骤。

其三，罗莎·卢森堡基金会也重视基金会影响的全球范围推广。首先，从基金会的分支机构组织设置层面上，罗莎·卢森堡基金会已经在全球17个国家或者地区建立了区域办公室，（据不完全统计，其已经在圣保罗、墨西哥、纽约、约翰内斯堡、基多、达喀尔、达累斯萨拉姆、北京、河内、新德里、特拉维夫、华沙、莫斯科、拉马拉、贝尔格莱德和雅典等这些城市设立了分支办公室）并且计划在更多地区建立办公室负责基金会产品或者理论成果的推广。从这些办公室的分布特点可以发现，罗莎·卢森堡基金会的关注倾向越来越集中于欧洲东部、东南亚地区、拉美地区以及非洲地区。从这种分布的区域集中性实际上可以在一定程度上反映出，罗莎·卢森堡基金会对经济社会不发达地区发展事务的特别关切，这也是其绿色生态价值偏好或者生态理论倾向的反映。卢森堡基金会也非常重视保持同欧洲地区的其他左翼基金会，以及左翼的社会批判研究机构的交流与合作关系，并且还将这种交流范围扩展到欧洲地区的左翼运动背景的非政府组织、工会，以及更为广阔的全球社会运动中。卢森堡基金会特别重视与知识分子阶层、其他形式的智库和社会大众的资源整合与合作，共同参与政治实践活动。

不过，从实际的政策影响上看，罗莎·卢森堡基金会的影响与左翼党在德国政治生活中的地位变迁有着根本的和直接的相关性。由于作为德国第五大党派的在野党，左翼党虽然在议会选举中的表现开始逐步获得了一定的政治地位。尤其是2017年选举中，左翼党获得了9.7%的选票支持，确定了第五大党的位置，但是还远未获得过真正的实际政治地位。因为极为激进的左翼党，其政策主张很大程度上在德国甚至在欧洲缺乏话语氛围和实际政治影响。至少就目前德国政党生态的发展态势与可预见的前景而言，左翼党与其他党派，尤其是社会民主党与基督教民主联盟这两大党之间并没有与左翼党合作实现政治联盟的近期可能性。

因而，目前左翼党的倡导或者主张并不能有效转化或者上升为实际的政策。这和党派内部激进的政治定位与其外部政治机会环境总体生态的不协调性有着根本性的关联。德国作为资本主义国家，社会主义传统虽然有着一定的历史渊源，但是仍然没有获得足够的影响力。因而，与党派的自身生存状况直接相关，德国罗莎·卢森堡基金会虽然在环境议题上激进地倡导一种与现存主流制度模式相对而言比较“远大”的目标，但是缺乏实际有利的政治环境和群众基础支撑，并不能走得长远。

本章小结

红绿智库的生态价值取向在本质上表现出对社会正义的强烈追求和对生态环境的强烈关注，使这些追求红绿价值取向的智库（包括传统左翼政党的基金会）虽然在资本主义制度框架下做出了一些妥协，但是在解决环境问题路径上显然还是选择了一种激进主义的力图超越现存制度的路向。无论是在西方决策者眼中，还是社会公众的视角里，这些红绿智库依然是处于相对小众化与边缘化的地位，仍然远未达到发挥实质性影响的层次。这从根本上是由两个相互影响的方面或原因导致的。第一个方面表现在，红绿智库的替代资本主义制度的终极追求与当代西方资本主义主流话语或者意识形态之间是完全对立的逻辑关系。因而，在西方资本主义社会，决策主体根据自身的价值判断，必然会尽量选择避免甚至拒绝使用这类智库成果或者政策话语。另一个方面是，虽然目前资本主义社会也频繁爆发制度危机，包括金融危机中爆发的“占领华尔街”运动等形式的反对资本主义制度运动此起彼伏，但是资本主义制度依然没有受到根本性彻底性的动摇。在另一方面，苏联模式并没有向世界充分昭示其制度的生态优越性。恰恰相反，苏联时期发生的令世人震惊的切尔诺贝利核电站爆炸事故却成为人类对生态自然造成无法修补伤害的历史标志物。

因而，在西方社会当前红绿智库的政策影响力不仅面临着历史与现实的双重阻碍。在西方社会的整体性框架下，本质上是一种绿色左翼组织的红绿智库不得不屈从于来自两个方面的现实压力：一方面是左翼认知与社会主流意识形态之间的异质性和冲突性，以及如何在这种对抗性的环境下施展自身的影响，另一方面是当前西方现实的与经济发展驱动相关的制约因素的压力，也就是如何使红绿色彩的主张在这种现实情境之下有效“发声”。尽管如此，红绿智库依然代表着一种制度超越模式的危机解决路径与社会发展方向，其仍然一直在西方尽力证明着自身的存在价值，通过扮演一种主流话语的“反对派”角色，对西方社会的环境政策演化提供一种前景式的社会发展趋向的参考以及具体政策的引导性启示。或者说，红绿智库的意义正在于其通过产生一种理论上的动员与政策上的驱动效应，从而使西方国家的环境政策逐渐与更成熟的福利制度结合，引导其向更加公平和正义的政策趋势发展，这在一定意义上构成对西方社会的社会制度变革的推动，也将是对整个人类全球生态文明建设进程的推进。

第六章　三维生态价值绿色智库的比较性分析与展望

绿色智库的产生归根结底是由于对环境议题的关注与关切，本质上是一种有利于实现现代环境科学决策的辅助性和智识性组织。绿色智库在生态价值理论上浸润着不同程度的倾向特色，这种倾向的不同也在一定程度上影响了不同绿色智库政策转化的直接影响与现实效果。鉴于西方国家绿色智库无论是在发展时间的广延度上还是研究议题的深度和广度上都已经较为成熟，在本书中主要是对西方绿色智库组织形式与影响分析的研究。然而，这项研究的最终目的还是以为我国国内绿色智库的发展前景考察作为宗旨的。在本章中，将主要对西方的深绿、浅绿和红绿智库的影响效果进行一个全景式的综合评析，并从建构性的视角对我国特色新型绿色智库建设与发展提供借鉴与参照。

第一节　三种不同绿库政策影响的总体性评价

绿色智库作为智库中一种独特的社会组织形式，既有包含着丰富的多样性，又因为环境议题的共同指向而具有某些的一致性，是多样与统一的集合体。通过本书对西方三种带有不同程度生态价值取向的环境议题智库的具体考察也可以发现，不同绿色智库所带有的生态价值取向以及理论倾向在一定意义上决定了其内在的运行规则与智库产品也就是政策建议的具体指向性。浅绿智库是经济主义或者发展主义的政策与环境主义政策的一种聚合，而深绿智库则具有激进的生态主义关照与理想主义指向，红绿智库又是将生态主义与社会主义两种价值观进行一定程度的联姻。三种绿色智库形式实际上集中代表了当代绿色智库的多元形态中的三种基本模式。

一、绿色智库的生态价值取向与政策影响机制

科学知识向政策的转化与实现能否成功，不仅依赖于这种知识或者理论论证的科学性和严密性，还取决于这种知识或者理论倾向能否与决策主体实现价值认同。通过前文的分析我们可以发现，在生态价值取向和理论倾向上不同的绿色智库实际上都不同程度遭遇着或者面临着困境。

首先就浅绿智库根本的性质而言，本质上是为资本主义制度辩护的一种生态话语与理论，其根本目的是为了保卫和救赎处于生态危机中的资本主义制度。因而，浅绿智库在资本主义框架下是以一种温和的、改良主义的智库组织的面目呈现的。在根本的政治价值立场上，浅绿智库是企图通过细枝末节地改变资本主义的政治经济运行的具体形式，实现维护、辩护与守护资本主义制度的目的，这显然是一种改良主义而不是结构性变革的路径。这种改良主义的路径倾向，与西方世界决策主体的生态价值观达成共识。因为，决策者对环境政策的首要需求就是不威胁和挑战资本主义制度，并且在资本主义政治经济制度框架下实现经济和生态的互利共赢。决策者对浅绿智库价值的认同就是浅绿智库实现影响的有利的政策机会结构。就目前的情况而言，浅绿智库所主张的环境政策在西方国家的应用中取得了积极性的效果，其通过自然资源的估值计量、环境污染代价的成本核算、生态技术的推广应用和生态市场的导向与政策调控等向度合力效应的发挥，初步建构了一个西方社会“生态经济”的模型，缓和的人与自然关系也初步显现。浅绿智库的主张确实在一定程度上暂时缓解了资本主义机体的绿色病症和痛楚，在国际上也具有了较强的政策说服力与竞争力。浅绿智库的政策在西方国家之间也得到了快速的传播、扩散与应用。因而，浅绿智库在西方社会的发展前景依然是相对乐观的。即便如此，在根本立场上的抱残守缺依然是浅绿智库不能改变的内在缺陷。而且这一缺陷基因决定

了这种生态问题解决模式的不彻底性，也就无法改写资本主义生态危机的历史宿命。

其次，就深绿智库的理论取向与现实前景的表现来看，其在理论上所依赖的是非常理想化和激进化的生态价值与理想。这种激进化最直接的表象就是其主张对人与自然的关系彻底的改变，赋予自然界优先于人的地位。而人的主体性价值被彻底地批判、解构、弱化甚至是彻底消解。在讨论和关注自然环境重要性的同时，却将通过社会性历史性实践创造历史的人类的主体作用和价值排除在外。深绿智库不承认人的主体性是整个人类社会与自然界之间关系良性发展的推动性和支撑性因素，也就否定了人类在认识世界与改造世界的社会实践活动中所表现出的自觉性与能动性。由于持有的这种生态价值取向，深绿智库的政策主张虽然在很多方面有所弱化或者收敛，但是仍然难以避免带有内源性的激进色彩。由于生态价值观和主张上的极端化态度，实际上产生了两个互相联系层面的效应：第一个层面，深绿智库追求的是一种非常态的人与自然关系。这与大众主流的生态价值观常常脱节，甚至产生互斥反应，因而在一定程度上会失去社会支持基础，也就是民心。第二个层面，也是更重要的方面是，在价值观取向上“走得过远”，不仅不能唤起民众的共情与青睐，反而是情感上的排斥与疏离，过于激进的主张也就无法满足决策主体获得政策合法性的需求。因而在现实上，深绿智库常常在组织制度化或者长期化发展的过程中，为了获得与决策主体更接近的价值立场和政策共识，往往会逐渐放弃原本的激进主义主张，转而寻求一种趋近于现实决策主体的价值立场与政策定位。但是在目前看来，这种定位的转化由于激进主义传统政治印象与政策惯性的消散是需要较长时期的，深绿智库的政策效应还没有得到较好的实现。

红绿智库在西方资本主义政治空间中的生存状况实际上与深绿智库极为相似，发展前景也不甚乐观。红绿智库在制度上追求的是社会主义制度模式对资本主义制度模式的彻底超越和根本替代，实现社会的公平和正义，扬弃与摒弃了资本主义制度反生态的致病基因对生态环境天然的破坏力。应该说，红绿智库是建立在合理的制度前提基础上对未来环境走向提供建设性话语的智库组织。但是在另一方面，红绿智库在尽力描绘社会主义前景、结构性变革资本主义制度的要求，与西方社会决策者价值观是根本对立和冲突的。红绿智库往往是从资本主义制度具体症结与问题入手，或者是马克思主义经典著作的角度，带着“理想主义”的滤镜描绘生态社会主义的图景。遗憾的是，实际上其对社会主义制度的理解却没有本质性的把握，使红绿智库的这种空洞化和口号化的主张往往流于形式。而在西方资本主义意识形态之下，这种红色诉求不仅难以融合，甚至有时呈现出一种与现存制度对抗性的斗争姿态。在这种矛盾的立场与现实之间，红绿智库的社会主义制度的替代理想与资本主义社会的现实很难立足，不能获得决策主体的价值认同，依然无法获得更多有利于自身发展的外部政治空间，政策影响非常有限。

总而言之，最根本的问题是，尽管西方绿色智库在生态价值取向上的具体表现各不相同，都脱离不了深植其中的政治文化生态系统的熏染与影响。应该注意到的是，无论是西方社会主流的浅绿智库，或者是激进色彩浓郁的深绿智库，还是倡导生态社会主义理念的红绿智库，所受到的资助虽然看似是来源于国家财政、其他官方或者私人渠道等多元化的资助渠道，但是这些资助渠道从本质上仍然与资本主义的政治经济制度无法彻底撇清关系，也就是仍然无法摆脱资本主义这个根本社会制度的影响。因而，在这种实际的政策意义背景下，无论是哪种具体类型的绿色智库，都从根本上摆脱不了资本主义社会制度对其的不同程度影响或者约束。而前面我们探讨的这三种智库的实际效果差别或者说现实生存状态，包括为何浅绿智库受到更多决策者的青睐，为何深绿智库开始改变或者放弃激进主义的目标定位以使自身主张与决策倾向接近，为何红绿智库在西方社会中遭遇了失语的困境，事实上都与所处的资本主义政治经济制度，以及这种制度形态下决策主体的生态价值取向有着无法割裂的联系。也就是思想理念上涉及价值认同的根本问题。

应该明确的是，政策的有效转化与实际上掌握决策话语权的决策主体价值取向的作用是极为相关的。当然，不同层次的决策主体在价值取向上也是不尽一致的，其常常产生不同的利益诉求和认知，内在地也会产生矛盾或者冲突。这里就存在一个内在价值与主流价值之间协调的理性逻辑关系，或者“价值过滤器”效应。这个过滤器的运行机制实际上不仅包括了认知和理论根源，也包括公共的政策价值、公民社会文化和社会价值观等因素。[①] 决策主体的价值取向既有出于自身地位和利益考量的个人价值，还会考虑到公共领域中符合大多数公众利益的公共价值，也就是要满足和回应公众的利益诉求。“公共产品如果能够满足不同主体的相同需要，不同主体对公共价值就能比较容易达成共识。”[②] 也就是说，公共产品的提供如果是一种被主流的大众文化或者理论认同，就实现了价值的认同或者共识，这是政策转化的重要基础。不过，这也只是一个总体性的方面，在具体表现上也会有很多差异。因为不同层次主体的需要不同，相同主体在不同阶段也有不同的个性需要，同时也必须把眼前与长远利益之间的差异考虑在内。

二、西方绿色智库影响路径的得与失

虽然本书以介绍西方语境下绿色智库为主，但是在实际影响的运作过程中，对于绿色智库发展影响发挥依然有一些需要进一步澄清和思考的细节因素。

第一个问题，即西方绿色智库在选取的影响策略与路径层面，从根本上取决于其与政治权力主体的实际距离。这种政治距离是一种抽象的话语概念，与本书中用来描述绿色智库所处的政治谱系或者生态价值观有直接的关系。政治距离对政策的影响往往更容易通过私人合作等非正式的因素而实现。比如，绿党基金会的成果能否得到认同与实施很大程度上与绿党本身是否获得直接的执政地位以及外部优质的政治机会环境有着直接的关系。但是政治地位的获得意味着绿党智库需要一定程度上放弃和改变自身激进的政策主张。

绿色智库的影响与绿色智库自身的政治角色定位和智库的组织性质也有密切的相关性。正如郇庆治教授指出的那样，“绿库的目标取向与涉指内容，决定了它横跨于学术、政府与社会之间的多重角色地位。”[③] 不难理解的是，绿色智库的存在价值实现从根本上是依赖于理论研究向政策转换过程的完成，这

---

① 李瑞昌：《风险、知识与公共决策》，天津人民出版社 2006 年版，第 243 页。

② 胡敏中：《论价值共识》，载《哲学研究》，2008 年第 7 期。

③ 郇庆治：《环境社会治理与“国家绿库”建设》，载《南京林业大学学报》，2014 年第 4 期。

就使绿色智库的影响路径基本上遵循了两条互相平行的动态走向：一方面，为了更容易实现自身的影响定位，绿色智库的议题制定与理论探讨必须更加趋近于权力中心所认同的生态价值，以德国柏林自由大学环境政策研究中心所倡导的生态现代化理论作为例证，这个理论能够得到政府认可实现政策转换，其中一个不能忽视的因素也在于借助鼓励和支持在环境技术创新和生态市场发展的投入，能够为政府在国际上赢得生态先驱性和领导性地位提供便利。这样一来，事实上绿色智库的议题就非常容易被政府意志所绑架，在理论上也就很难实现一种完全有效的环境政策议题，从而也没有可能为当代资本主义国家从生产方式转型层面提供一种彻底和根本性的革新或者替代性解决方案。

第二个问题，是从实际的影响力或者功能发挥路径角度来看，不论是通过学术层面的对话还是通过环境社会动员往往都没有直接通过官方或半官方渠道的交流更容易对政府政策施加影响。在这里，为了更深刻明确地诠释这种空间距离对不同生态价值取向和理论倾向绿色智库的政策影响实现程度，笔者借助西方学界的一个交叉的理论——社会资本理论进行进一步解释。所谓社会资本，简单地说是指一套基于信任建立起来的规范性的社会关系网络。用社会资本理论代表人物美国学者罗伯特·帕特南（Robert Putnam）的话语而界定，社会资本实际上是用来描述社会组织的基本特征的，有助于分析人们如何为了共同目标协调与合作。[①] 社会资本的构成要素包括三个方面：个体之间的联系，也就是社会网络，以及在这个基础上形成的互惠和信赖的价值规范。这三个重要因素作为“能够通过促进合作行为而提高社会的效率”的三个指标，则直接构成了社会资本的基本要素。“社会资本”理论提出之后，从分析社会组织或政治组织在其内部运行规律与影响效果上所受到的非正式因素影响提供了一个理论视角和解释范式。因而，就不同生态价值和理论取向的绿色智库而言，其所具备和获取的社会资本情况也与运行机制和实际影响有非常紧密的关联性。最直接的表现，就是与执政主体或决策主体之间的社会资本丰富程度相联系，对不同绿色智库政策影响力所产生的决定性效应。社会资本丰富的绿色智库，尤其是与决策中心之间的社会联系和合作关系比较密切，就可以利用这种

① ［美］罗伯特·帕特南：《使民主运转起来》，王列、赖海荣译，江西人民出版社2001年版。

社会资本的优势实现智库产品成果向实际政策的有效转化。在这个方面，作为柏林自由大学环境政策研究中心成果转化的经验，也是使该中心作为生态现代化理论德国学派为人所知的德国生态现代化战略，就是由前中心主任马丁·耶内克积极参与到政府主导的生态现代化学术与实践的活动中而推动。马丁·耶内克自1998年起就在联邦政府组织的学术讨论中多次提到生态现代化的理念。尤其是耶内克2000年到2004年担任了联邦政府环境专家委员会副主席，同时他担任了联邦德国环境顾问委员会成员与政府间气候变化专门委员会（IPCC）第五次评估报告主要作者和评审专家。这种学术与官方的兼职形式，就在人员联系与组织制度上拓宽了政策影响的渠道，也同时会加强政策影响的转化效果。由此可见，学者个人在环境政策领域开展学术研究与生态社会活动的积极参与程度也为智库成果向环境政策的顺利转换起到非常关键的作用。这就是基于信任和共同价值认知基础上的社会资本所起到的作用表征。但是也必须看到，在根本上，社会资本存量和增量的多寡还是取决于智库与产品获得者之间双方的思想和价值认同的程度。

因此，不少绿色智库更倾向于借助智库内精英人士谋求体制内政治职位，形成实际的话语影响力，从而将理论研究形式的智库成果上升为各级政府的实际政策。可以说，本书的案例中列举的绿党智库和柏林自由大学环境政策研究中心都试图通过这种“向上”的路径使研究成果获得合法性，这不得不说是一种令人遗憾的景象。因为绿色智库作为新社会运动的成果，本应该作为市民社会的补充性要素在国家与市场之间实现弥合、沟通与协调的效用，却没能有效发挥继续动员大众“自下而上”推动、影响和制定政策的功能。

在西方存在的三种不同取向绿色智库都将筹码过多地押在通过精英成员获得实际政治地位而实现其政治影响，这种做法的负面效应则是难以保证环境政策在国家和地区整体的连续性。就这个问题而言，德国绿党智库的政策影响力变化其实就是一个非常典型的表现。在1998年到2005年，由于绿党与社民党组成了红绿联盟政府，其政策的影响力得到显著的增强；而在2005年的大选中，两党联盟选举失利成为在野党，绿党基金会对环境政策的影响力则实际上被大大地减弱。因此，绿色智库背后所依赖的政治力量或者社会资本能否得到最优化的实现，也是关系到绿色智库政策转化的重要因素。

目前，西方国家绿色智库一个共同面临的问题就是，在发展外部环境上仍然还依赖于“标志性环境危机事件”的发生。在发生重大的全球性环境危机事件之后，绿色智库普遍会得到更多的重视和更有利的发展空间。比如在日本福山核电站泄漏事件爆发之后，由于公众对于事件恐慌情绪蔓延，亟须环境智库的权威观点进行平息，所以无论是浅绿智库的核技术安全主张，还是深绿和红绿智库对核能利用的批判都更容易得到决策者的响应与回应。但是，这种标志性环境事件的发生本来对于人类而言，毕竟是一种罕见的也是无法预测的灾害甚至是灾难。西方决策者在这类事件爆发对绿色智库成果给予的关注因而也是一种的相对短暂的和不稳定的现象，无法在根本上保证绿色智库产生稳定持久的政策影响效果。

当然，尽管如此我们依然需要肯定的是，虽然在西方绿色智库具有这种非常多元化的表现形态，不过不同形态都反映和代表了不同生态价值与理论取向的一种绿色现实政策的转化与发展方向。应该承认，无论是生态理念上深绿、浅绿还是红绿的取向智库，它们共同以环境政策主张的多元性也在推动着西方国家环境政策决策模式的调整与变迁。

第二节　红绿智库：生态马克思主义研究与实践运动的复杂性

作为一种结合了生态主义的环境主张与社会主义的制度根本追求的绿色智库，红绿智库的理论倾向性与对政策的现实影响是本书所特别关注的核心性问题。在前文的研究中实际已经对红绿智库在西方国家中的存在状态进行了一种描述。可以说，红绿智库所面临的一个并不乐观的现实是，其依然没有得到西方决策者的采纳与重视。这实质上反映了在一定的社会历史背景之下，或者精确地说是在当前西方社会的资本主义制度框架下，红绿的思想理论作为一种结构变革的理论主张与环境政策转换与影响获得的现实理想之间的复杂性。简单而言，就是红绿智库的理论与主张之间如何得以转换的复杂互动问题。具体地说，是生态价值指向与资本主义主流意识形态之间相互矛盾的关系导致了这种理论与现实的复杂情况：

一方面，在红绿智库的理论指向与定位上，其自身所坚定依赖与信奉的生态价值观核心是一种对于社会主义制度的追求，或者说是对资本主义制度超越而实现的社会生态转型。可以说，红绿智库所持的生态理论主张与其他绿色智库相较而言是根本不同的，这个不同在于其生态价值观的坚定认知，也就是红绿智库认识到也明确地指出了生态问题甚至生态危机产生的根本原因是资本主义制度自身内在结构的不合理性或者反生态性。红绿智库主张摒弃与解构资本主义制度模式，以社会主义模式实现对自然的根本解放。具体看红绿智库理论研究的政策产品成果，或者生态社会主义理论研究自身的科学性上，虽然抱有很多对马克思主义经典理论的具体误解与误读，甚至是空想化的制度幻想，但是实际上红绿智库的理论依然是一种在基本性地把握了马克思主义对于资本主义生产方式、生活方式与思维方式对于生态与自然的控制、束缚与压迫的批判性思想基础上的生态理念提升，是在一种制度超越性的意义上指明资本主义社会目前生态环境问题的内源性与结构性。在理论层面，红绿智库主张对社会制度设计的一种科学勾画，对资本主义制度的替代，与对资本主义制度内部结构性弊病的社会主义改造。红绿智库的这种理论研究揭开了遮蔽在多样性的资本主义具体制度机制与运行因素缺陷下的生态危机根源，将资本主义制度的内在生态危害性与破坏性曝光在绿色理论场域，并且开辟与构成了绿色理论中一个鲜明的研究方向，在当代西方马克思主义思潮中引领性的重要流派获得了一定的学术影响与地位承认。而这在根本上是由红绿智库主张在制度立场的正确性与其理论话语的说服力所决定的。

然而，另一方面，这种对社会制度变革的主张在向现实的政策转化上却面临着诸多困难。红绿智库在西方的背景下难以在政策议题的创制层面实际发声。而对实际的环境政策产生影响对于现阶段在西方主流意识形态控制下的红绿智库而言更是一个难以企及的制度设想。资本主义社会制度下主流政治意识形态对于社会主义价值指向诉求的拒绝、排斥与抑制就根本性地决定了红绿智库的现实遭遇。社会主义政策主张与诉求与主流政治意识形态之间存在的对立性与冲突性使红绿智库无法获得适合其生存的政治空间。因而，即使主张的是具有科学性的政策指向，西方的红绿智库在推动环境进程中的发展处境仍然是极为艰难的。在实际上这不仅仅是红绿智库政策影响力发展所面临的困境，更是整个西方社会整个绿色左翼政治力量与主张所面临的困境。西方主流的政策话语对于一切超越与替代资本主义制度的变革诉求保持高度警惕与防御，所以红绿智库这种倾向于变革制度的政策主张也就必然会被这种主流的力量弱化、削弱甚至被彻底排斥在决策空间之外。不仅如此，西方社会在主流生态价值认同的大肆渲染与演绎之下，在绿色化的政策成果的宣扬与展示之下，给社会大众营造出一种良好环境生态的假象，社会对于环境状况呈现出一种虚假的满意态度与感受，因而也堵塞与进一步蚕食了红绿智库在社会动员向度发挥影响的空间领域。对于红绿智库而言，这些复杂因素的共同作用之下，无论从自上到下的路径还是自下而上的路径或者渠道都在一定程度上被资本主义体制所压抑与控制。在这两个向度上的影响都无法得到有效发挥，也就很难获得现实的政策或者政治影响。

在西方资本主义制度框架主导的环境政策语境中，在资本逻辑或者经济利益驱动的环境政策成为主流政策话语条件之下，红绿智库要想获得更深刻更广泛的政治影响实际上需要综合考虑多元化的影响因素。从根本上而言，就是需要在原则性的政治战略与具体性的政策策略之间实现一种具体的动态的协调。一方面，对社会制度变革的追求是红绿智库根本需要的。对资本主义制度的超越和替代与对社会主义制度的追求是红绿智库“标新立异”的特质，也是红绿智库发出自己倡议声音的根本立足点。为了迎合决策者或者获得主流价值的认同而主动放弃或者失去这个领域对于红绿智库而言，意味着失去自身存在的根本意义与价值。因而，即使目前在西方社会红绿的政策主张依然面临着重重困境的条件下，红绿智库坚持制度变革主张的意义就在于使社会民众与认知与感受到社会主义制度优越性与吸引力。红绿智库需要，同时也必须保持这种主张与社会制度模式的异质性才能推进与吸引西方社会制度向社会主义模式的真正逐步趋近与转化。

不过在另一方面，红绿智库作为一种与主流意识形态相对远离的智库形式，又是一种对社会制度的变革诉求非常强烈的智库，就更加需要依靠大众动员向社会政策的推动路径进行政策影响。虽然这种自下而上的渠道依然也被主流意识形态所屏蔽与分流，但是对于红绿智库而言，其作为对人类彻底解放的社会制度模式的主张追求，具有天然的社会动员优势与影响。通过前文的研究可以观察到的是，红绿智库由于无法获得决策主体的价值认同与倾斜，唯有致力于和聚焦于学术理论话语的讨论与研究，通过学术影响获得政策影响的路径。但是这是一个非常边缘化的路径与渠道，局限于学理范围的书斋式研究使红绿智库的政策成果无法获得接近现实的土壤，从而渐趋远离政治环境，在获得政策影响上有较大的难度。目前对于红绿智库而言，必须通过一种影响路径的彻底转换，将政策影响与动员大众作为现实影响力实现的重要策略和向度进行推进，才会逐渐改变目前影响力困境的复杂局面。

第三节　我国绿色智库的发展与生态文明建设

中国特色社会主义进入新时代，是我国目前所处的崭新历史方位，是现实与未来交汇的重要时间节点，同时也是需要科学处理和正确把握“变”与“不变”之间繁复关系的关键时期。在人类社会历史发展的时空坐标中，中国依然还是一个处于社会主义初级阶段的国家，同时也正处于社会主义现代化进程之中最关键的时期，这是“如常”的部分。与此同时，我们的社会主要矛盾发生了深刻的变化，已经转化为人民日益增长的美好生活需要和不平衡不充分的发展之间的矛盾。美好生态需要作为美好生活需要的重要一维，构成了社会主要矛盾之矛的重要方面，这则是“非常”的部分。生态文明建设的问题，一方面既是现代化事业中必须要协调发展的一个具体领域，但也成为“增长速度换档期、结构调整阵痛期、前期刺激政策消化期”的现代化前期进程中推进速度过快、结构不够协调、政策欠科学所导致的现实遗留问题。在这个意义上，新时代生态文明建设是实现全面建设社会主义小康社会的关键环节，与经济建设、政治建设、社会建设以及文化建设的全过程和各方面高度相关，紧密联系，共同构筑我国特色社会主义事业“五位一体”建设总体布局。与此同时，生态文明建设也是极易引发“短板效应”的重要一环，如果不能推进生态文明建设，经济、政治、社会和文化建设的事业都不能顺利地有效展开与推进。

当下，我国政府对推动科学决策与国家治理体系和治理能力现代化建设特别关注。因而智库这种现代化决策支持组织“化知为智”在决策科学化方面的功能也就越来越被强调，并被更加广泛地引入与应用于决策过程中。建设中国特色社会主义新型智库就意味着我国特色智库事业的发展起点的开启。我国的生态文明建设事业急速推进以及环境政策的科学决策要求尤其是需要发挥供给科学化决策产品的智库作用。在这种智库发展的良好氛围和环境之下，我国绿色智库也有了较为适宜的外部发展政治生态。绿色智库纷纷创立萌生，似乎迎来了“发展的春天”。

一、新时代中国绿色智库的存在状态与发展生态

近几年，我国的绿色智库无论是在规模总量层面，还是在国际与国内的实际影响力层面（也就是质的层面），都有了突飞猛进的发展。从当前我国绿色智库的总量看，不只关注环境保护和生态文明建设的综合性智库规模在不断扩容，一些更加专业化、具体化针对环境议题智库也在近年纷纷成立。仅统计近年新成立的绿色智库就可以发现这种急速扩张的趋势，比如在科研院所和高校体制下成立的中国社会科学院生态文明研究智库、中国人民大学生态金融研究中心、中国林业智库、南开大学生态文明研究院等绿色智库不断组建，在政府支持下设立的官方绿色智库，包括青海省生态文明研究中心、山东省生态文明研究中心、徐州市生态文明建设研究院、福田生态环保智库、西宁市绿色发展智库等代表了不同层次地方政府支持下纷纷成立的绿色智库，更是出现了譬如福建省生态文明智库联盟等绿色智库组团发展的热闹景象。当然，不少民间的绿色智库也在萌生涌现，比如桂林漓江生态人文环境保护研究会等也在萌发。因而总体上看，在中国特色新型智库建设的趋势与浪潮中，绿色智库也借力萌生呈现出繁荣发展的生机图景。

另一方面，在绿色智库的质量也就是其实际影响力的发挥方面，我们可以通过对上海社会科学院智库研究中心在2012年到2018年的四年中所发布的《中国智库报告》的追踪分析得出判断，越来越多高规格的专业化环境智库开

始重点关注环境议题研究，并且产生愈来愈广的社会反响与政策影响。根据《中国智库报告2018》[①]，表6－1中所列的智库为2018年在环境建设方面具有重大影响的智库。

表6－1　生态文明建设领域智库影响排名

2018年排名	智库名称
1	生态环境部环境规划院
2	生态环境部环境与经济政策研究中心
3	中国环境科学研究院
4	国家应对气候变化战略研究和国际合作中心
5	中国科学院生态环境研究中心
6	国家海洋局海洋发展战略研究所
7	水利部发展研究中心
8	国网能源研究院有限公司
9	厦门大学中国能源经济研究中心
10	北京理工大学能源与环境政策研究中心

资料来源：上海社会科学院智库研究中心，《中国智库报告2018》

尤其值得一提的是，在国际知名的智库影响力报告，即美国宾夕法尼亚州立大学智库研究项目（TTCSP）框架下发布的《2018年全球智库报告》[②]中，包括排名第11位的环境、能源与资源政策研究中心（CEERP），排名25位的中国社会科学院研究生院国际能源安全研究中心都在环境议题智库影响力名单中榜上有名。这从一个侧面证明，我国的绿色智库影响力在国际上也得到了一定的形象确立与地位承认。

绿色智库能够通过高质量的智库产品产出和供给或者与政府相关部门达成深度合作等不同形式逐渐影响有关部门的环境政策决策进程，甚至有效地直接参与到决策过程之中，绿色智库对于生态文明建设的提升效果得到明显的展现。例如，2018年生态环境部国家应对气候变化战略研究和国际合作中心与

① 上海社会科学院智库研究中心：《中国智库报告2019》，2019年1月，http：//www.pjzgzk.org.cn/upload/file/20190320/20190320110443_241.pdf。

② Think Tanks and Civil Societies Program Lauder Institute University of Pennsylvania，2015 Global Go To Think Tank Index Report，http：//gotothinktank.com/2015-global-go-to-think-tank-index-report/.

上海国际问题研究院、绿色和平组织合作，共同举办了“IPCC1.5 度特别报告及环境机构参与气候科学传播座谈会”。与此同时，2019 年，在联合国环境署与中国生态环境部的联合倡议下成立了“一带一路绿色发展国际联盟”，其在本质上是一个具有代表性的国际绿色智库的平台网络。这些新成立的绿色智库成立，意味着政府相关部门与绿色智库之间在分享专业知识、互通焦点议题等方面日益加强对话互动。

二、当前我国绿色智库的发展难题与破解之道

不过总体上，目前我国绿色智库数量激增，但是真正具有强劲影响力和国际话语权的智库却仍然紧俏，智库的影响力发挥仍然囿于“有理说不出，说了传不开”的尴尬境地。这实际意味着，从对现实政策的影响力层面看，当下我国绿色智库发展进程中的影响发挥也存在着一些需要实质改进的机制障碍，当然这同时也是未来实现绿色智库有效影响的重要突破点。习近平总书记谈到智库建设问题时，提出“近年来，哲学社会科学领域建设智库热情很高，成果也不少，为各级党政部门决策提供了有益帮助。同时，有的智库研究存在重数量、轻质量问题，有的存在重形式传播、轻内容创新问题，还有的流于搭台子、请名人、办论坛等形式主义的做法。智库建设要把重点放在提高研究质量、推动内容创新上。要加强决策部门同智库的信息共享和互动交流，把党政部门政策研究同智库对策研究紧密结合起来，引导和推动智库建设健康发展、更好发挥作用”①。这对于绿色智库而言也是非常适用的。鉴于当前我国绿色智库的具体情况而言，笔者认为，未来还需要在以下方面尝试重点着力、突破创新，推进绿色智库的影响力提升：

首先，从当前绿色智库发展需要解决的实际问题来看，国内绿色智库的发展所面临的关键问题不是要追求规模上的增量，而是要提升和优化政策转化能力和决策影响力。急速扩张的绿色智库组织规模常常会使影响方式与路径上的建设与革新被忽视。当前所面临的一个不可回避的问题是，西方国家的绿色智库在影响力渠道中那种更倾向“向上”路径取向的固有依赖现象在我国的绿

---

① 习近平：《在哲学社会科学工作座谈会上的讲话（全文）》，新华网，2016 年 5 月 18 日。

色智库中也是普遍存在的，甚至在一定程度上表征得更为明显。对政府渠道的路径依赖的直接后果就是导致“在学界研究、政府政策与社会公众之间缺乏一种必要的张力或互动，而这本来是‘绿库’扮演的最基本性功能之一”①。除此之外，官方智库、高校智库与社会民间智库自说自话、故步自封、交流隔离的现象还依然比较严重。绿色智库之间的对话交流机会比较少，又常常局限在同系统或机构内部。比如，由哈尔滨工业大学环境科学领域专家倡导的生态文明智库召集了自然辩证法学会体系下的主要专家作为智库成员，也与同样作为学院派绿色智库的高校系统内的生态文明研究机构之间保持非常紧密的交流合作；而与中国社会科学院倡导的生态文明研究智库由于社科院系统的官方性智库定位，与生态环境部等相关单位以及社科院其他系统的关联则更为密切，而学术型绿色智库、官方型绿色智库之间的沟通渠道仍亟待打通、拓展、深化。显而易见的情况是，目前绿色智库仍然在自己狭小的范围与学术交往领域，还没有完全呈现出开放的姿态。分属高校、官方与社会不同属性的绿色智库之间的交流壁垒已然并仍然存在，相互之间的合作对话依然匮乏。跨界交流渠道的不畅和交流机会的缺乏在一定程度上往往会直接影响智库产品和成果的科学性与全面性，从而也会在一定程度上相对削弱成果的政策影响力。因而，在这个意义上，全方位疏通影响渠道对于提升我国绿色智库的影响力的重要性是显而易见的。

具体而言，最实际和首要的问题是要把绿色智库在咨政建言、学术对话、群众动员三个路向或基本功能全面地、协调地贯通与运作起来。简单而言，这包括两个不同方面的工作着力点：一方面，要打破原有横亘在不同体系绿色智库之间的无形“交流壁垒”，拓宽不同形式绿色智库在议题上的沟通条件与环境。而另一方面，国家要在智库的运作机制上“去体制化”与“去市场化”两种端点之间寻求一种平衡的状态创造条件。这并不是容易的事情，既能保证灵活的创新生态，又要避免受到市场等因素的驱使或者干扰。而这恰恰也正是绿色智库影响力能够提升的关键性环节。值得关注的是，生态环境部政研中心与中宣部理论局、生态环境部宣教司共同举办了“深入学习贯彻习近平生态

---

① 郇庆治：《环境社会治理与“国家绿库”建设》，载《南京林业大学学报》，2014 年第 4 期。

文明思想研讨会”，这场会议广泛邀请了环保部门政府官员、智库研究人员、高校学者等不同领域的专业人员共同参与，在一定意义上是打造和发挥绿色智库在链接政策话语与学术话语体系方面功用的有益尝试。

其次，在具体的环境议题指向上，国内绿色智库的发展一方面从制度基础上根本地摒弃了西方不同生态价值绿色智库所具有的不同程度弱点。因此具有整合各种环境议题的良好前提和既存性的政治生态优势，但是另一方面，运用中国特色话语解决我国环境议题仍然是绿色智库普遍面临的一个关键性的挑战。这从一个视角看，是由于环境话语是西方新社会运动的产物，很大程度上环境理论和环境技术觉醒于和产生于西方社会，往往也最先被应用于西方国家的现实治理中。与此同时，本质上具有全球性的环境问题在不同国家和地区也依然存在显著个性化、差别化的多样表现形式，尤其在社会根本制度与西方完全不同的中国更是如此。但是目前，我国绿色智库的政策研究中呈现出一个固化的倾向是过于依赖西方社会所提供的历史经验或者学术理论。如何将西方话语、西方理论在中国本土化或者说中国化是绿色智库面临的一个棘手的问题。顾海良教授提出智库的作用发挥和影响力建设要遵循四个基本路向，即注重智库在理论建设上突出“中国学派”，在战略研究上彰昭“中国意识”，在社会引领上凸显“中国话语”，在政策建言上形成“中国方案”[①] 这四个路向的精炼概括实际上明确了绿色智库未来的发展前景与主要着力方向，是非常值得参考的思路。

问题解决的核心与关键在于，绿色智库需要树立自身品牌，需要打造具有引领性和前瞻性的理论话语，实现更多优质智库产品的产出与供给。习近平总书记在谈到中国特色社会主义新型智库建设问题上强调“要建设一批国家亟须、特色鲜明、制度创新、引领发展的高端智库，重点围绕国家重大战略需求开展前瞻性、针对性、储备性政策研究”[②] 的未来期许正是从这个角度出发的。“打铁还需自身硬”，对我国的绿色智库影响力塑造与提升的路径而言，同样也是这个道理。在理论和政策的沟通中注重形成具有我国特色的绿色理论

---

① 顾海良：《新型智库建设与思想力量彰显》，载《人民论坛》，2014 年第 6 期。

② 习近平：《在哲学社会科学工作座谈会上的讲话（全文）》，新华网，2016 年 5 月 18 日。

体系，建构中国特色的生态理论学派，形成在世界上具有影响力的中国环境理论话语就是一项非常重要的，同时也是一项具有较大挑战性的任务。西方社会目前的环境话语影响力在事实上占据了主导的地位，而包括我国等后发现代化国家以及其他发展中国家相对地呈现出了一种“理论失语”的状态。要充分开发我国绿色智库的影响力和潜能，首先仍然要对马克思主义生态文明思想进行深度意义的挖掘。作为主流意识形态的马克思主义理论中关于生态与自然保护的思想资源实际上是非常丰富的，这是马克思主义留给人类共同探索的宝贵的绿色思想宝藏。因而，充分和深度地梳理研究马克思主义的生态价值观是发展马克思主义生态学思想与创建生态理论“中国学派”必不可少的，也是最为重要的维度，这对于我国研究人员而言也是更具优势的理论领域。而在另一个向度而言，实现生态理论对现实实践的有效指导与提升也是非常重要的路径。在中国特色社会主义制度模式下，我国的绿色智库能否将国家在环境治理领域取得的具体经验总结、凝练与提升为理论化成果的汇聚性形态，并且生成一种建立在有效治理模式基础上的治理话语以有力的国际性影响向外传播、扩散与推广，这也是绿色理论“中国学派”生成所需的现实生长点。这两个环节的相互推动，互为支撑，共同推动中国特色社会主义生态文明理论的生成发展。可以说，这个双向的互动过程是我国生态理论生成强化的必经历程，也是未来绿色智库在话语影响上得以充分汇聚与有效增强的现实路径。

第三，构建包容多样的绿色智库生存生态的重要性也在日益凸显。一方面与多元化的生态价值取向和理论倾向相关，一方面与我国目前经历的社会主义初级阶段历史时期和进行的社会主义现代化建设阶段的具体复杂情况相关，事实上我国的环境议题倾向上也存在着不同生态价值诉求和理论取向的绿色智库，主张发挥技术、市场要素作用的、倡导实现理想主义生态模式的和强调公平正义的绿色智库在环境议题领域对环境政策的塑造发挥着不同影响。应该说，这是与自然生态系统在本质上是相似的。具有多样性的生态价值取向和理论取向的绿色智库实际上也有助于生成和构建一种全面健康的环境决策生态。浅绿智库提供的一些具体的绿色工具手段或者政策，比如生态技术的应用、生态市场和消费的导向、绿色税收的调节，可再生能源的革新等具体提议，都会在一定程度上有利于现阶段环境问题的缓解，改善与协调环境保护与经济发展之间的复杂互动关系。至少就目前的情况而言，浅绿智库的部分主张在西方现代化国家环境治理运用实践上被证明是一定程度上有效的，这些绿色技术和市场机制也可以扬弃地被我国当前阶段的生态文明建设所吸收与应用。而深绿智库倡导的理想生态主义主张，从一种理想主义和浪漫主义的角度对人类未来环境保护的美好前景设定，在生态价值观上看也是一种立足长远的促动性因素。在我国的社会主义生态文明语境之下，红绿智库对于社会主义制度机制的青睐与设想，对体现社会公平与正义的环境政策诉求，更是一种符合与进一步彰显我国社会主义制度优越性的重要维度。在一定程度上，三类绿色智库的不同政策主张与诉求，能够从不同的层次和角度纠正、优化和完善环境政策，最终形成形塑中国特色环境治理政策的合力效果。因而在这个意义上，合理支持与发展不同形态的绿色智库，培育良好的绿色智库发展生态是实现环境政策科学化的外在保证。尤其需要强调的是，由于红绿智库是代表与体现着我国的社会主义制度特色的绿色智库形态，在我国的生态文明建设进程中，更应该强调与重视这种以公平正义为诉求的智库理论与政策诉求，彰显社会主义生态文明建设的公平性、社会性与正义性。

最后，也是不能忽视的方面，即在绿色智库建设上要注意发挥其人力资本聚合等方面的重要功能。无论是要提升硬实力还是软实力，核心与关键都寓于充分发挥人才实力之中。环境理论与科技人才是绿色智库生成的根本智力基础，也是实现绿色智库影响传播所依靠的重要力量。要真正发挥绿色智库在凝聚人才、培养人才、引领人才等方面的培育人力资本的深度功效。一直以来，我国在生态环境问题领域的研究基础不算深厚，从事绿色智库研究的人员规模和专业化程度也相对较弱。不过，近些年环境议题开始受到普遍关注，生态理论研究以及环境政策研究也越来越更被重视，绿色智库的发展局面与成长生态也有了较大改善。而继续推进绿色智库深度繁荣发展的关键与首要条件是具备生态理论知识与技能人才参与绿色智库的政策咨询与决策研究。在一定意义上，专业人才对于绿色智库实现可持续发展也是重要保障。如果没有掌握科学的生态理论与技术的知识精英对研究追求的精益求精，就没有具有强大现实穿透力的产品与成果产出与供给，也就无法打造能够产生重大社会影响的绿色智库。因而，在塑造与提升绿色智库影响力的过程中，加强对从事环境理论领域人力资源的培育、整合和凝聚也是未来绿色智库需要把握的关键向度。

绿色智库未来影响力发挥的人才培养建构路径也同样重视合力作用的发挥：一方面，绿色智库首先要壮大和拓宽自己的理论研究阵地，从而搭建一个环境领域人才学术交流和智慧汇集的研究平台。通过发挥具有召唤力、凝聚力与影响力的智库平台作用，不断发掘与吸引更多优秀生态理论人才，持续发挥人力的优势与潜能。当然在另一方面，绿色智库本身也承担着培育环境技术人才、年轻生态理论学者以及智库精英等社会任务与职责使命。绿色智库不仅负责孵化政策研究成果，也担负着培育环境政策研究人才的重要任务，通过绿色智库作为平台对专业化知识及技术的汇集，使专攻生态与环境理论的特别人才获得更快速的发展和成长。而对专业人才的聚集与培育作用，同时能够逐渐形成良性循环的人才模式，吸引更多的专业人才产出与供给更多优质的绿色智库成果和产品。

三、展望与期待

处于决策产品供给端的地位决定了智库负责政策产品产出与供给的职责和功能，而处于议题光谱的绿色地带又决定了绿色智库原生性的环境政策属性。中国特色社会主义进入新时代，我国的绿色智库面临着前所未有的有利生存生态和广阔发展前景，虽然整体看来，当前绿色智库的力量仍然弱小、影响仍然受限、成长尚需时日。“图难于其易，为大于其细。天下难事，必作于易；天下大事，必作于细。”在新时代新形势下，绿色智库需要依靠由内打造内功延伸深度，向外生成影响扩展广度，内外双向的发展模式互动，供给足够优质的智库产品和理论成果，实现绿色智库的本质担当和内在功能，真正发挥对新时代中国特色社会主义生态文明建设的助推器和导航仪功能。在可以预见的未来，绿色智库将对环境政策的优化、环境治理的科学化以及大众环保意识的培育产生深邃的历史影响。

结　论

绿色智库是一种专业化的环境知识与环境理论与现实环境议题有效结合的现代化政策组织，实质上是绿色议题与理性决策方式的有效整合。在绿色智库内部，由于生态价值取向存在的不同层次分野，西方绿色议题的智库组织实际上存在着浅绿、深绿以及红绿等具体政策倾向的区分和差别，不同的绿色智库形式存在也是一个社会生态价值取向和理论倾向多样化的样态表征。本书从生态价值取向与理论倾向的立场出发，以人们解决环境问题选择的根本方向和实现路径方式，对人类中心主义伦理观和生态资本主义措施的浅绿智库、生态中心主义的伦理观与生态主义举措的深绿智库，以及人与自然和谐互动的生态社会主义社会模式的红绿智库进行了一种总体性的阐述。通过三种绿色智库的研究，本书探讨了红绿智库的发展前景以及对我国生态文明建设的启示意义。

由于内在根植的生态价值取向的不同，西方绿色智库的发展态势和影响路径也呈现出一定的差异。这与具体绿色智库和决策者以及整个社会的生态价值认知的一致性有着根本的关联性。在西方社会，生态资本主义的生态价值认同与决策者和社会民众之间比较能产生共鸣并达成具体环境政策上的一致与共识，因而，浅绿智库具备了有利于政策影响功能发挥的政策环境。然而，与其相对的，主张激进理想主义的深绿智库、主张变革资本主义制度前提的红绿智库并没有得到决策主体和社会大众的认同，也无法获得有利于政策影响效果的外部政策环境。

红绿智库的绿色主张与诉求的结构性变革指向实际上在理论上科学地揭示

了环境问题与生态危机产生的资本主义制度根源。但是在西方资本主义制度与意识形态的语境对这种制度变革诉求的不容忍甚至是排斥与抑制的态度，红绿智库只能在有限的生存空间与话语空间内发挥作用。只有保持社会主义诉求的战略性与具体社会动员策略的灵活性之间的动态平衡，才能重塑红绿智库在西方的话语影响与政策影响。

实际上，我国正在现代化事业与社会主义的初级阶段这个双重叠加的社会历史背景中，环境保护和生态文明建设也需要绿色智库的有效发挥。我国的绿色智库也呈现出多样化的状态。但是，在我国社会主义制度模式与生态文明建设的宏观背景与语境下，关注环境公平与正义的生态文明指向的红绿智库由于与社会主义的生态价值理念的一致性和促动性，而应该得到更多的重视。当然，合理地发挥不同绿色智库在当前我国生态文明建设进程中的功能，共同发挥不同绿色智库的合力效应。不仅能为环境建设提供所需要的议题来源和政策走向，在一定程度上还可以推动我国当下的生态建设与绿色发展战略，提升与推进环境治理进程中的的科学化、民主化程度。

参考文献

中文文献：

［英］安德鲁·多布森：《绿色政治思想》，郇庆治译，山东大学出版社 2005 年版。

［英］安德鲁·格林：《新自由主义时代的社会民主主义》，刘庸安、马瑞译，重庆出版社 2010 年版。

［英］安东尼·克罗斯兰：《社会主义的未来》，轩传树、朱美荣、张寒译，上海人民出版社 2011 年版。

［英］布赖恩·巴克斯特：《生态主义导论》，曾建平译，重庆出版社 2007 年版。

［美］巴里·康芒纳：《封闭的循环》，侯文蕙译，吉林人民出版社 1997 年版。

［美］保罗·R. 伯特尼，罗伯特·N. 史蒂文斯主编：《环境保护的公共政策》，穆贤清、方志伟译，上海人民出版社 2004 年版。

曹孟勤：《人性与自然：生态伦理哲学基础反思》，南京师范大学出版社 2006 年版。

陈永森、蔡华杰：《人的解放与自然的解放：生态社会主义研究》，学习出版社 2015 年版。

［美］丹尼尔·A. 科尔曼：《生态政治：建设一个绿色社会》，梅俊杰译，上海译文出版社 2002 年版。

［美］大卫·雷·格里芬：《后现代科学——科学魅力的再现》，马季方译，中央编译出版社 1998 年版。

［英］戴维·佩珀：《生态社会主义：从深生态学到社会正义》，刘颖译，山东大学出版社 2005 年版。

［英］戴维·佩珀：《现代环境主义导论》，宋玉波、朱丹琼译，上海人民大学出版社 2011 年版。

［英］大卫·皮尔斯：《绿色经济蓝图》，何晓军译，北京师范大学出版社 1996 年版。

［德］斐迪南·穆勒–罗密尔、托马斯·波古特克主编：《欧洲执政绿党》，郇庆治译，山东大学出版社 2005 年版。

郭剑仁：《生态地批判：福斯特生态学马克思主义思想研究》，人民出版社 2007 年版。

［美］赫伯特·马尔库塞、埃里希·弗洛姆：《痛苦中的安乐：马尔库塞、弗洛姆论消费主义》，云南人民出版社 1998 年版。

［美］赫伯特·马尔库塞：《单向度的人》，刘继译，上海译文出版社 2008 年版。

［美］霍尔姆斯·罗尔斯顿：《环境伦理学：大自然的价值以及人对大自然的义务》，杨通进译，中国社会科学出版社 2000 年版。

郇庆治：《环境政治国际比较》，山东大学出版社 2006 年版。

郇庆治：《重建现代文明的根基——生态社会主义研究》，北京大学出版社 2010 版。

郇庆治：《欧洲绿党研究》，山东大学出版社 2000 年版。

郇庆治：《当代西方绿色左翼政治理论》，北京大学出版社 2011 年版。

韩震：《重建理性主义信念》，中华书局 2009 年版。

洪大用、马国栋等：《生态现代化与文明转型》，中国人民大学出版社 2014 年版。

金纬亘：《政治新境的开拓——西方生态主义政治思潮研究》，天津教育出版社 2006 年版。

［英］杰拉尔德·G. 马尔腾：《人类生态学：可持续发展的基本概念》，顾

朝林、袁晓辉译，商务印书馆 2012 年版。

［德］卡尔·曼海姆：《意识形态和乌托邦：知识社会学引论》，华夏出版社 2001 年版。

［英］克里斯托弗·卢茨主编：《西方环境运动：地方、国家和全球向度》，徐凯译，山东大学出版社 2005 年版。

雷毅：《深层生态学思想研究》，清华大学出版社 2001 年版。

［澳］罗宾·艾克斯利：《绿色国家：重思民主与主权》，郇庆治译，山东大学出版社 2012 年版。

［美］罗伯特·达尔：《多元主义民主的困境：自治与控制》，周军华译，吉林人民出版社 2006 年版。

［美］罗德里克·弗雷泽·纳什：《大自然的权利》，杨通进译，青岛出版社 1999 年版。

［加］雷克斯·韦勒：《绿色和平：一群生态主义者、记者和梦想家如何改变了这个世界》，胡允恒、虞鑫译，生活·读书·新知三联书店 2011 年版。

刘东国：《绿党政治》，上海社会科学院出版社 2002 年版。

卢风：《生态文明新论》，中国科学技术出版社 2013 年版。

卢风、刘湘溶：《现代发展观与环境伦理》，河北大学出版社 2004 年版。

［美］罗尼·利普舒茨：《全球环境政治：权力、观点和实践》，郭志俊、蔺雪春译，山东大学出版社 2012 年版。

刘仁胜：《生态马克思主义概述》，中央编译出版社 2007 年版。

李世书：《生态学马克思主义的自然观研究》，中央编译出版社 2010 年。

雷毅：《深层生态学：阐释与整合》，上海交通大学出版社 2012 年版。

［德］马丁·耶内克、克劳斯·雅各布：《全球视野下的环境管治：生态与政治现代化的新方法》，李慧明、李昕蕾译，山东大学出版社 2012 年版。

［英］迈克尔·欧克肖特：《政治中的理性主义》，张汝伦译，上海译文出版社 2004 年版。

《马克思恩格斯选集》（1—4 卷），人民出版社 2012 年版。

《马克思恩格斯文集》第 5 卷，人民出版社 2009 年版。

《马克思恩格斯全集》第 42 卷，人民出版社 1979 年版。

［美］默里·布克金：《自由生态学：等级制的出现与消解》，郇庆治译，山东大学出版社 2008 年版。

任玉岭：《中国智库》第一辑，红旗出版社 2011 年版。

［德］萨拉·萨卡：《生态社会主义还是生态资本主义》，张淑兰译，山东大学出版社 2008 年版。

［德］魏伯乐，［美］奥兰·扬、［瑞士］马塞厄斯·芬格主编：《罗马俱乐部报告——私有化的局限》，王小卫、周樱译，上海人民出版社 2006 年版。

［英］特德·本顿：《生态马克思主义》，曹荣湘译，社会科学人民出版社 2013 年版。

［英］唐纳德·萨松：《欧洲社会主义百年史》，姜辉等译，社会科学文献出版社 2008 年版。

［美］维多克·沃里斯：《超越"绿色资本主义"》，巩茹敏译，见《北京大学马克思主义研究》，北京大学出版社 2012 年版。

［加］威廉·莱斯：《自然的控制》，岳长龄译，重庆出版社 2007 年版

伍伟：《基于利益相关者理论的商业银行公司治理研究》，经济科学出版社 2014 年版。

王雨辰：《生态批判与绿色乌托邦——生态学马克思主义理论研究》，人民出版社 2009 年版。

王之茂：《德国绿党的发展与政策》，中央编译出版社 2009 年版。

王宏斌：《生态文明与社会主义》，中央编译出版社 2011 年版。

〔汉〕徐干：《中论·亡国》。

许良：《技术哲学》，复旦大学出版社 2005 年版。

徐艳梅：《生态学马克思主义研究》，社会科学文献出版社 2007 年版。

［美］约翰·贝拉米·福斯特：《生态危机与资本主义》，耿建兴、宋兴无译，上海译文出版社 2006 年版。

［澳］约翰·德赖泽克：《地球政治学：环境话语》，蔺雪春、郭晨星译，山东大学出版社 2008 年版。

［美］约瑟夫·熊彼特：《资本主义、社会主义与民主》，吴良健译，商务印书馆 1999 年版。

［日］岩佐茂：《环境的思想与伦理》，冯雷等译，中央编译出版社 2011 年版。

杨通进、高予远：《现代文明的生态转向》，重庆出版社 2007 年版。

中国科学院可持续发展战略研究组：《2013 中国可持续发展战略报告：未来 10 年的生态文明之路》，科学出版社 2013 年版。

章海荣：《生命伦理与生态美学》，复旦大学出版社 2006 年版。

［美］詹姆斯·奥康纳：《自然的理由——生态学马克思主义研究》，唐正东、臧佩洪译，南京大学出版社 2003 年版。

［美］詹姆斯·博曼：《公共协商：多元主义、复杂性与民主》，黄相怀译，中央编译出版社 2005 年版。

曾文婷：《生态学马克思主义研究》，重庆出版社 2008 年版。

张一兵等：《资本主义理解史（第六卷）——西方马克思主义的资本主义批判理论》，江苏人民出版社 2009 年版。

中文期刊：

［德］多丽丝·菲舍尔：《智库的独立性与资金支持—— 以德国为例》，载《开放导报》，2014 年第 4 期。

顾海良：《新型智库建设与思想力量彰显》，载《人民论坛》，2014 年第 6 期。

郇庆治：《80 年代末以来的西欧环境运动：一种定量分析》，载《欧洲》，2002 年第 6 期。

郇庆治：《21 世纪以来的西方生态资本主义理论》，载《马克思主义与现实》，2013 年第 2 期。

郇庆治：《环境社会治理与"国家绿库"建设》，载《南京林业大学学报》，2014 年第 4 期。

刘海英：《社会组织的功能在组织社会——伯尔基金会中国项目办首席代表博盟访谈录》，载《中国发展简报》，2012 年 03 期。

上海社会科学院：《2014 年中国智库报告——影响力排名与政策建议》。

［德］萨拉·萨卡：《两种不同的人口危机：生态社会主义视角》，申森

译，《国外理论动态》，2014 年第 2 期。

薛澜：《在美国公共政策制订过程中的思想库》，载《国际经济评论》，1996 年第 6 期。

杨生平：《关于意识形态概念的理解问题》，载《哲学研究》，1997 年第 9 期。

张创新：《也论“稷下学宫”——兼论中国古代智囊团的产生》，载《长白学刊》，1993 年第 3 期。

张剑：《生态社会主义的新发展及其启示》，载《马克思主义研究》，2015 年第 4 期。

朱旭峰：《美国思想库对社会思潮的影响》，载《现代国际关系》，2002 年第 8 期。

朱旭峰、苏钰：《西方思想库对公共政策的影响力——基于社会结构的影响力分析框架构建》，载《世界经济与政治》，2004 年第 12 期。

英文文献：

Andrew Dobson, *Green Political Thought*, Routledge Press, 2007.

Andrew Jamison, *The Making of Green Knowledge Environmental Politics and Cultural Transformation*, Cambridge University Press, 2001.

Arne Naess, *Ecology, Community and Lifestyle: Outline of an Ecosophy*, Cambridge University Press, 1990.

Andrew Rich, *Think Tanks, Public Policy, and the Politics of Expertise*, Cambridge University Press, 2004.

Boffey, Philip. M, “Hudson Institute: Think Tank's Civil Defense Work Criticized”, *Science*, 1968.

Brian Doherty, *Ideas and Actions in the Green Movement*, Routledge Press, 2002.

Christina Boswell, *The Political Uses of Expert Knowledge: Immigration Policy and Social Research*, Cambridge University Press, 2009.

Devall. B., Sessions G., *Deep Ecology: Living as if Nature Mattered*, Salt

Lake City: Eingine Smith Books, 1985.

Donald E. Abelson, *Do Think Tanks Matter?: Assessing the Impact of Public Policy Institutes*, McGill-Queen's University Press, 2002.

Dietrich, Hans-Jurgen, "NGO's form Canada-U. S. Environmental Council", *Environmental Policy and Law*, 1975.

David Pepper, Anthropocentrism, Humanism and Ecosocialism: A Blueprint for the Survival of Ecological Politics, Environmental Politics, Volume 2, Issue 3, 1993.

David Pearce, *Blueprint 3: Measuring Sustainable Development*, London: Earhscan, 1993.

David Pepper, *Modern Environmentalism: An Introduction*, Routledge, 1996.

David Potter, *NGOs and Environmental Policies: Asia and Africa*, Frank Cass Publishers, 1996.

David Ricci, *The Transformation of American Politics: The New Washington and The Rise of Think Tanks*, New Haven, Conn: Yale University press, 1993.

Diane Stone, *Capturing The Political Imagination—Think Tanks and the Policy Progress*, Routledge, 1996.

Diane Stone, Andrew Denham, *Think Tank Traditions: Policy Analysis Across Nations*, Manchester University Press, 2006.

Diane Stone, Andrew Denham and Mark Garnett (eds.), *Think Tanks Across Nations: Policy Research and the Politics of Ideas* (2nd edition), Manchester: Manchester University Press, 2004.

Diane Stone, Ming-Chen Shai, "The Chinese Tradition of Policy Research Institutes", in Think Tank Traditions—Policy Research and the Politics of Ideas, Diane Stone and Andrew Denham (ed.), Manchester University Press, 2004.

Dave Toke: *Green Politcs and Neo-liberalism*, Macmillan Press LTD, 2000.

Fritjof Capra, "Deep Ecology: A New Paradigm", in George Sessions (ed.), *Deep Ecology for the Twenty-First Century*, Publisher: Shambhala, 1995.

Frank Fischer, *Citizen Experts and Environment*, Duke University Press, 2000.

Frank Fischer, Gerald J. Miller, *Handbook of Public Policy Analysis: Theory, Politics, and Methods*, CRC Press, 2006.

Giovanna Ricoveri, "Culture of the Left and Green Culture", *Capitalism, Nature, Socialism*, 1993.

Harold Orlans, *The Nonprofit Research Institute: Its Origins, Operations, Problems and Prospects*, New York: McGraw-Hill, 1972.

James A. Smith, *Idea Brokers: Think Tanks And The Rise Of The New Policy Elite*, New York: The Free Press, 1991.

James E. Anderson, *Public Policymaking*, Wadsworth Publishing, 2010.

James G. McGann, *How Think Tanks Shape Social Development Policies*, University of Pennsylvania Press, 2014.

James G. McGann, *Global Think Tanks: Networks and Governance*, Routledge, 2011.

James G. McGann, R. Kent Weaver, *Think Tanks and Civil Societies: Catalysts for Ideas and Action*, Transaction Publishers, 2000.

John McCormick, *The Global Environmental Movement*, London: John Wiley, 1995.

Kajsa Borgnäs, Teppo Eskelinen, Johanna Perkiö, Rikard Warlenius, *The Politics of Ecosocialism: Transforming Welfare*, Routledge, p. 144.

Kevin Delapp, The View From Somewhere: Anthropocentrism in Metaethics, in Rob Boddice, Anthropocentrism: Humans, Animals, Environments, BRILL, 2011.

Kent Weaver, "The Changing World of Think Tanks", *Political Science and Politics*, 1989.

Knill, C. and Liefferink, D., "The Establishment of EU Environmental Policy", in Jordan, AJ and C. Adelle (ed.) *Environmental Policy in the European Union: Contexts, Actors and Policy Dynamics* (3e), 2012.

Matthias Giepen, Think Tanks in Britain and How They Influence British Policy on Europe, Verlag Für Akedemik, 2008.

Martin Thunert, "Think Tanks in Germany", in Diane Stone and Andrew

Denham (ed.), *Think Tank Traditions—Policy Research and the Politics of Ideas*, Manchester University Press, 2006.

Mark Sandle, "Think Tanks, Post Communism and Democracy in Russia and Central and Eastern Europe", in Diane Stone and Andrew Denham (ed.), *Think Tank Traditions—Policy Research and the Politics of Ideas*, Manchester University Press, 2012.

Michele M. Betsill, "Environmental NGOs and the Kyoto Protocol Negotiations: 1995 to 1997", in Michele M. Betsill NGO Diplomacy (ed.), *The Influence of Nongovernmental Organizations in International Environmental Negotiations*, The MIT Press, 2018.

Naess A., "The Deep Ecological Movement: Some Philosophical Aspects", in *Session G: Deep Ecology For The 21st Century*, Boston: Shambhala Publications Inc, 1995.

Paul Dickson, *Think Tanks*, New York: Atheneum, 1971.

Peter Drucker, *Post-Capitalist Society*, New York: Harper Collins, 1993.

Reilly. C. A., *The Road from Rio: NGO Policy Makers and the Social Ecology of Development*, Grassroots Development, 1993.

Lothar Mertens, Rote Denkfabrik? die Akademie für Gesellschaftswissenschaften beim ZK der SED, LIT Auflage, 2004.

Ryan Jenkins, Deen K. Chatterjee, ed. *Encyclopedia of Global Justice*, Springer, 2012.

Richard N. Haass, "Think Tanks and U. S. Foreign Policy: A Policy-Maker's Perspective", *Policy Makers View*, 2002.

Richard N. L. Andrews, *Managing the Environment, Managing Ourselves: A History of American Environmental Policy*, Yale University Press, 2006.

Stephan Bodian, "Simple in Means, Rich in Ends: An interview with Arne Naess", in George Sessions ed, Deep Ecology for the Twenty-First Century.

Thomas Princen, Matthias Finger, *Environmental NGOs in World Politics*, Routledge, 1994.

Tad Shull, *Redefining Red and Green: Ideology and Strategy in European Political Ecology*, SUNY Press, 1999.

Thorson, S, Andersen, K, "Expert Systems In Foreign Policy Decision Making", in Expert Systems in Government Symposium.

Ulrich Heisterkamp, Think Tanks der Parteien? Eine vergleichende Analyse der deutschen politischen Stiftungen, VS Verlag für Sozialwissenschaften, 2014.

UNDP (United Nations Development Program). Thinking the Unthinkable, Bratislava, UNDP Regional Bureau for Europe and the Commonwealth of Independent States, 2003.

Yehezekel Dror, Think Tanks: A New Invention in Government, in Carol H. Weiss and Allen H. Barton (ed.), *Making Bureaucracies Work*, Beverly Hills: Sage, 1980.

Yannis Stavrakakis, "Green Ideology: A Discursive Reading", *Journal of Political Ideologies*, 1997.

网络资源：

波茨坦气候影响研究中心官方网站，https://www.pik-potsdam.de/research/sustainable-solutions。

Think Tank Map 项目环境智库统计名单，http://www.thinktankmap.org/Statistics.aspx?Type=GeographicalDistribution。

查塔姆研究所官网，http://www.chathamhouse.org/。

University of Pennsylvania, The 2013 Global Go To Think Tanks Ranking, 23 January 2014.

Centre International de Recherche sur l'Environnement et le Développement, http://www.centre-cired.fr/spip.php?rubrique288&lang=fr.

智库地图项目环境智库排名，http://www.thinktankmap.org/ThinkTankDetails.aspx?ID=263&Lan=en-US&FromHome=Yes&Search=Yes&ResearchField=&MarkerColor=。

可持续发展国际研究中心官网，The International Institute for Sustainable

Development History, http：//www. iisd. org/about/our-history。

墨西哥环境法研究中心官网, El Centro Mexicano de Derecho Ambiental Historia, http：//www. cemda. org. mx/historia/。

马里奥·莫利纳中心官网, El Centro Mario Molina tiene como propósitohttp：//centromariomolina. org/acerca-de-nosotros/quienes-somos/。

全球环境战略研究所官网, http：//www. iges. or. jp/jp/about/index. html。

印度政策研究中心官网, http：//www. cprindia. org/environment。

公众环境研究中心官方网站, http：//www. ipe. org. cn/alliance/gca. aspx。

Green Belt Movement, http：//www. greenbeltmovement. org/who-we-are/our-history.

亚马孙环境研究所官网, http：//www. ipam. org. br/。

莫图经济与公共政策研究中心官网, http：//www. motu. org. nz/。

George Monbiot, On How Modern British Politics Works, http：//neilclark66. blogspot. com/2011/02/george-monbiot-on-how-modern-british. html.

The Future of European Democracy, https：//www. boell. de/sites/default/files/Endf_The_Future_of_European_Democracy_V01_kommentierbar. pdf, p. 47

Green Party Foundation, http：//greennewdeal. eu/jobs-and-society. html.

Heinrich-Böll-Stiftung, Current Immigration and Integration Debates in Germany and the United States：What We Can Learn from Each Other. 02. Aug. 2013

Wikipedia, Heinrich Böll Foundation, http：//en. wikipedia. org/wiki/Heinrich_B% C3% B6ll_Foundation.

Ulrich Heisterkamp, Think Tanks der Parteien?：Eine vergleichende Analyse der deutschen politischen Stiftungen, Verlag für Sozialwissenschaften Seit208.

Heinrich-Böll-Stiftung, https：//www. boell. de/de/1989/index – 309. html.

Green Town Losaltos, http：//greentownlosaltos. org/about/vision-and-mission/.

http：//www. burlingamecec. org/.

http：//www. cecburlingame. com/wp-content/uploads/2016/02/CEC-flyer – 2016_standard-flyer. pdf.

How does a Think Tank make it into the top 10 globally ranked Environmental

Think Tanks? —Insights from Ecologic Institute, Berlin, http://www.energy-conference.org/4045.

Rasmus Klocker Larsen, Åsa Gerger Swartling, Neil Powell, Louise Simonsson and Maria Osbeck: A Framework for Dialogue Between Local Climate Adaptation Professionals and Policy Makers, Stockholm Environment Institute Report http://www.sei-international.org/mediamanager/documents/Publications/SEI-ResearchReport-Larsen-AFrameworkForDialogueBetweenLocalClimateAdaptationProfessionalsAndPolicyMakers-2011.pdf.

Christian Hey, Klaus Jacob, Axel Volkery, Better regulation by new governance hybrids? FFU Report 2006. p. 21. http://www.polsoz.fu-berlin.de/polwiss/forschung/systeme/ffu/publikationen/2006/hey_christian_jacob_klaus_volkery_axel_2006/rep_2006_02.pdf.

Environmental policy Research Center ofFree University: http://www.polsoz.fu-berlin.de/en/polwiss/forschung/systeme/ffu/ueber_uns/index.html.

European Green Party, https://europeangreens.eu/what-we-do.

Green Forum Foundation http://www.greenforum.se/foundation-ecological-and-sustainable-development-0.

Doug Malkan, Think green policy, Green Pages, Volume 9, Issue 2.

Green Peace, https://www.biggreenradicals.com/group/greenpeace/ http://www.greenpeace.org/international/Global/international/publications/greenpeace/2013/GPI-AnnualReport2012.pdf.

Asbjørn Wahl, Connecting Anti-Austerity and Climate Justice Polices, 2015. 12 http://www.rosalux-nyc.org/connecting-anti-austerity-and-climate-justice-policies/.

Daniel Tanuro, Carbon Trading-an Ecosocialist Critique, http://www.internationalviewpoint.org/spip.php? article1452.

Michael Löwy, Ecosocialism: A Radical Alternative to Capitalist Catastrophe, p. 27.

Friedrich Albert Foundation, http://www.fes.de/gewerkschaften/soziale-sicherung_en.php.

Club of Rome, http://www.clubofrome.org/.

Green Peace, http://www.greenpeace.org.cn/about/mission/.

Ecosocialist Network, http://www.ecosocialistnetwork.org/.

European Green Party: The macro-economic and financial framework of the Green New Deal.